中华人民共和国国家标准

并联电容器装置设计规范

Code for design of installation of shunt capacitors

GB 50227 - 2017

主编部门：中 国 电 力 企 业 联 合 会
批准部门：中华人民共和国住房和城乡建设部
施行日期：2 0 1 7 年 1 1 月 1 日

中国计划出版社

2017 北 京

中华人民共和国国家标准
并联电容器装置设计规范
GB 50227-2017
☆
中国计划出版社出版发行
网址：www.jhpress.com
地址：北京市西城区木樨地北里甲 11 号国宏大厦 C 座 3 层
邮政编码：100038　电话：(010) 63906433（发行部）
三河富华印刷包装有限公司印刷

850mm×1168mm　1/32　3.75 印张　93 千字
2017 年 10 月第 1 版　2019 年 9 月第 4 次印刷
☆
统一书号：155182・0142
定价：23.00 元

中华人民共和国住房和城乡建设部公告

第 1456 号

住房城乡建设部关于发布国家标准《并联电容器装置设计规范》的公告

现批准《并联电容器装置设计规范》为国家标准，编号为 GB 50227—2017，自 2017 年 11 月 1 日起实施。其中，第 4.1.2(3)、4.2.6(2)条(款)为强制性条文，必须严格执行。原国家标准《并联电容器装置设计规范》GB 50227—2008 同时废止。

本规范由我部标准定额研究所组织中国计划出版社出版发行。

中华人民共和国住房和城乡建设部

2017 年 3 月 3 日

前　　言

本规范是根据中华人民共和国住房和城乡建设部《关于印发〈2014年工程建设标准规范制订修订计划〉的通知》（建标〔2013〕169号）的要求，由中国电力工程顾问集团西南电力设计院有限公司会同有关单位对《并联电容器装置设计规范》GB 50227—2008修订而成的。

本规范修订的主要技术内容包括：

1.本规范的适用范围由750kV及以下变电站，扩大到1000kV及以下变电站；

2.修改了“剩余电压”“耐爆能量”等名词解释，增加了“负荷开关”名词解释；

3.修改了并联电容器装置接线图；

4.修改了低压并联电容器装置元件配置接线图；

5.增加了并联电容器装置整体绝缘水平的技术规范；

6.增加了对110kV并联电容器装置投切开关技术要求，并给出了不同电压等级并联电容器装置投切开关选型建议；

7.修改了串联电抗器电抗率推荐取值；

8.增加了“同一装置中的放电线圈的励磁特性应一致”要求；

9.增加“污秽、易燃、易爆等特殊环境地区应参照《爆炸危险环境电力装置设计规范》GB 50058选择布置形式”的规定；

10.删除电容器框架层数及排数要求；

11.将“严禁直接利用电容器套管连接或支承硬母线”修改为“不应直接利用电容器套管连接或支承硬母线”，并取消其强条要求；

12.增加电容器装置防火应符合《火力发电厂与变电站设计防

火规范》GB 50229 的有关规定；

13.增加电容器允许的最高环境温度要求。

本规范共分9章和1个附录，主要内容包括：总则，术语、符号和代号，接入电网基本要求，电气接线，电器和导体选择，保护装置和投切装置，控制回路、信号回路和测量仪表，布置和安装设计、防火和通风等。

本规范以黑体字标志的条文为强制性条文，必须严格执行。

本规范由住房城乡建设部负责管理和对强制性条文的解释，由中国电力企业联合会负责日常管理，由中国电力工程顾问集团西南电力设计院有限公司负责具体技术内容的解释。本规范在执行过程中，请各单位结合工程实践，认真总结经验，注意积累资料，如发现需要修改和补充之处，请将意见和建议反馈给中国电力工程顾问集团西南电力设计院有限公司（地址：四川省成都市东风路18号，邮政编码：610021），供今后修改本规范时参考。

本规范主编单位、参编单位、主要起草人和主要审查人：

主编单位： 中国电力企业联合会
中国电力工程顾问集团西南电力设计院有限公司

参编单位： 电力工业无功补偿成套装置质检中心
中冶赛迪工程技术股份有限公司

主要起草人： 吴怡敏 邹家勇 李龙才 冯小明 余 波
吴向军 胡 晓 张化良 蒲 皓 李 彬
杨 关 戴 波 赵启承 夏传泰

主要审查人： 林 浩 杨一民 傅 闯 梁 琮 董海健
王崇祜 许 伟 董 斌 张广桥 罗 琛
李成博 肖 民 向 兴

目　次

Contents

1 总　　则

1.0.1 为使电力工程的并联电容器装置设计中，贯彻国家的技术经济政策，做到安全可靠、技术先进、经济合理和运行检修方便，制定本规范。

1.0.2 本规范适用于1000kV及以下电压等级的变电站、配电站（室）中无功补偿用三相交流高压、低压并联电容器装置的新建、扩建工程设计。

1.0.3 并联电容器装置的设计，应根据安装地点的电网条件、补偿要求、环境状况、运行检修要求和实践经验，确定补偿容量、接线方式、配套设备、保护与控制方式、布置及安装方式。

1.0.4 并联电容器装置的设备选型，应符合国家现行标准的有关规定。

1.0.5 并联电容器装置的设计，除应执行本规范外，尚应符合国家现行有关标准的规定。

2 术语、符号和代号

2.1 术　　语

2.1.1 电容器元件　capacitor element

由电介质和电极所构成的电容器的最小单元部件。

2.1.2 单台电容器　capacitor unit

由电容器元件组装于单个外壳中并有引出端子的组装体。

2.1.3 电容器　capacitor

本规程中，"电容器"一词是当不需要特别强调"电容器单元"或"电容器组"的不同含义时的用语。

2.1.4 集合式电容器　assembling capacitor

将电容器集装于一个箱体中的组装体。

2.1.5 自愈式电容器　self-healing capacitor

具有自愈性能的电容器。

2.1.6 电容器组　capacitor bank

电气上连接在一起的多台电容器。

2.1.7 高压并联电容器装置　installation of high voltage shunt capacitors

由电容器和相应的电气一次及二次配套设备组成，并联连接于标称电压 1kV 以上的交流三相电力系统中，能完成独立投运的一套设备。

2.1.8 一体化集合式电容器装置　installation of integrated style assembling capacitor

将电抗器、放电线圈、集合式电容器在箱体内完成相互之间的电气连接并集装成一个整体的设备。

2.1.9 低压并联电容器装置　low-voltage shunt capacitor

installation

由低压电容器和相应的电气一次及二次配套元件组成，并联连接于标称电压 1kV 及以下的交流三相配电网中，能完成独立投运的一套设备。

2.1.10 电抗率 reactance ratio

并联电容器装置的串联电抗器的额定感抗与串联连接的电容器的额定容抗之比，以百分数表示。

2.1.11 放电器件 discharge device

安装在电容器内部或外部，当电容器从电源脱开后能将电容器的剩余电压在规定时间内降低到规定值以下的设备或元件。

2.1.12 串联段 series section

在多台电容器连接组合中，相互并联的单台电容器群。

2.1.13 剩余电压 residual voltage

电容器脱开电源一定时间后，电容器端子间残存的电压。

2.1.14 涌流 inrush transient current

电容器组投入电网时的过渡过电流。

2.1.15 负荷开关 load-breaking switch

能够在正常的导电回路条件或规定的过载条件下关合、承载和开断电流，也能在异常的导电回路条件（例如短路）下按规定的时间承载电流的开关设备。按照需要，也可具有关合短路电流能力。

2.1.16 外熔断器 external fuses

装于单台电容器外部并与其串联连接，当电容器发生故障时用以切除该电容器的熔断器。

2.1.17 内熔丝 internal fuses

装于单台电容器内部与元件串联连接，当元件发生故障时用以切除该元件的熔丝。

2.1.18 耐爆能量 bursting energy

电容器内部发生极间或极对壳击穿时，外部并联电容器对故障电容器放电引起故障电容器外壳或套管破裂的最小能量。

2.1.19 放电线圈最大配套电容器容量　maximum reactive power of capacitor co-ordination for a discharge coil

能满足在规定时间内将电容器的剩余电压降至规定值以下，与放电线圈并联的电容器组容量上限值。

2.1.20 不平衡保护　unbalance protection

利用对电容器(组)内特定部分之间的电流差或电压差组成的保护。

2.1.21 环境空气温度　ambient air temperature

电容器安装地点的空气温度(气象温度)。

2.1.22 冷却空气温度　cooling air temperature

在稳定状态下，电容器组的最热区域中，两台电容器外壳最热点连线中点的空气温度。仅为一台电容器时，则指距电容器外壳最热点 0.1m，距底 2/3 高度处测得的温度。

2.2 符　　号

I_{*ym}——涌流峰值的标么值；

K——电抗率；

n——谐波次数；

Q——电容器容量；

Q_{cx}——发生 n 次谐波谐振的电容器容量；

S——电容器组每相的串联段数；

S_d——并联电容器装置安装处的母线短路容量；

U_c——电容器端子运行电压；

U_s——并联电容器装置的母线运行电压；

β——涌流计算式中计及电源影响的系数。

2.3 代　　号

C——电容器；

1C、2C、3C——并联电容器装置分组回路编号；

C_1、C_2、C_n——单台电容器编号；

FU——熔断器；

FV——避雷器；

HL——指示灯；

ΔI——桥差电流；

I_0——中性点不平衡电流；

FR——热继电器；

KM——交流接触器；

L——串联电抗器或限流线圈；

QF——断路器；

QL——负荷开关；

QG——接地开关；

QS——隔离开关或刀开关；

TA——电流互感器；

TV——放电线圈；

ΔU——相不平衡电压；

U_0——开口三角电压。

3 接入电网基本要求

3.0.1 并联电容器装置接入电网的设计，应按全面规划、合理布局、分层分区补偿、就地平衡的原则确定最优补偿容量和分布方式。

3.0.2 变电站的电容器安装容量，应根据本地区电网无功规划和国家现行标准中有关规定经计算后确定，也可根据有关规定按变压器容量进行估算。用户的并联电容器安装容量，应满足就地平衡的要求。

3.0.3 并联电容器分组容量的确定应符合下列规定：

1 在电容器分组投切时，应满足系统无功功率和电压调控要求。

2 当分组电容器按各种容量组合运行时，应避开谐振容量，不得发生谐波的严重放大和谐振，电容器支路的接入所引起的各侧母线的任何一次谐波量均不应超过现行国家标准《电能质量 公用电网谐波》GB/T 14549 的有关规定。

3 发生谐振的电容器容量，可按下式计算：

$$Q_{cx} = S_d\left(\frac{1}{n^2} - K\right) \tag{3.0.3}$$

式中：Q_{cx}——发生 n 次谐波谐振的电容器容量（MV·A）；

S_d——并联电容器装置安装处的母线短路容量（MV·A）；

n——谐波次数，即谐波频率与电网基波频率之比；

K——电抗率。

3.0.4 并联电容器装置宜装设在变压器的主要负荷侧。当不具备条件时，可装设在三绕组变压器的低压侧。

3.0.5 当配电站中无高压负荷时，不宜在高压侧装设并联电容器装置。

3.0.6 低压并联电容器装置的安装地点和装设容量,应根据分散补偿和就地平衡的原则设置,并不得向电网倒送无功。

4 电 气 接 线

4.1 接 线 方 式

4.1.1 并联电容器装置的各分组回路可采用直接接入母线，并经总回路接入变压器的接线方式(图 4.1.1-1 和图 4.1.1-2)。当同级电压母线上有供电线路，经技术经济比较合理时，也可采用设置电容器专用母线的接线方式(图 4.1.1-3)。

4.1.2 并联电容器组的接线方式应符合下列规定：

1 并联电容器组应采用星形接线。在中性点非直接接地的电网中，星形接线电容器组的中性点不应接地。

2 并联电容器组的每相或每个桥臂，由多台电容器串并联组合连接时，宜采用先并联后串联的连接方式。

3 电容器并联总容量不应超过 3900kvar。

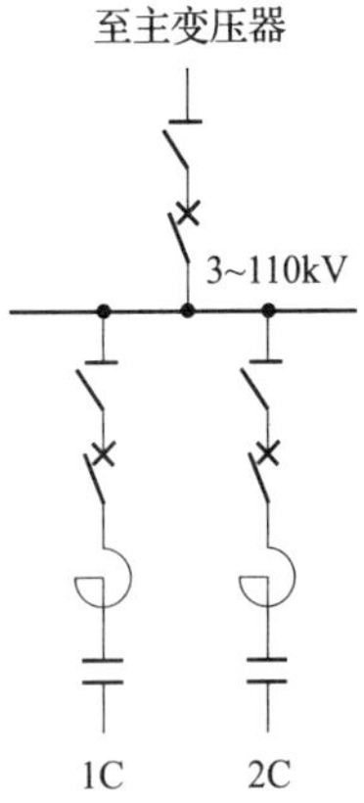

图 4.1.1-1 同级电压母线上无供电线路时的接线方式

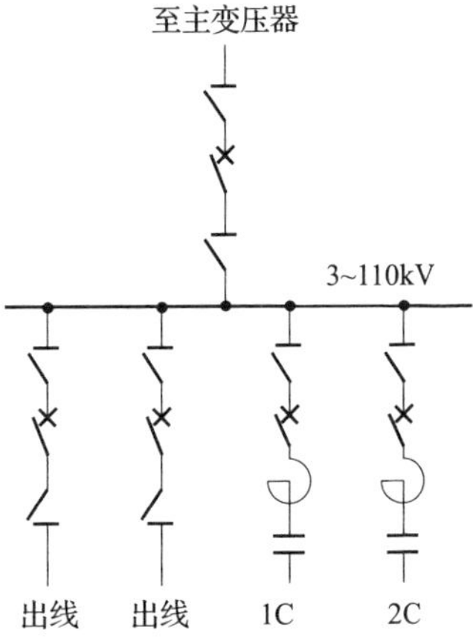

图 4.1.1-2 同级电压母线上有供电线路时的接线方式

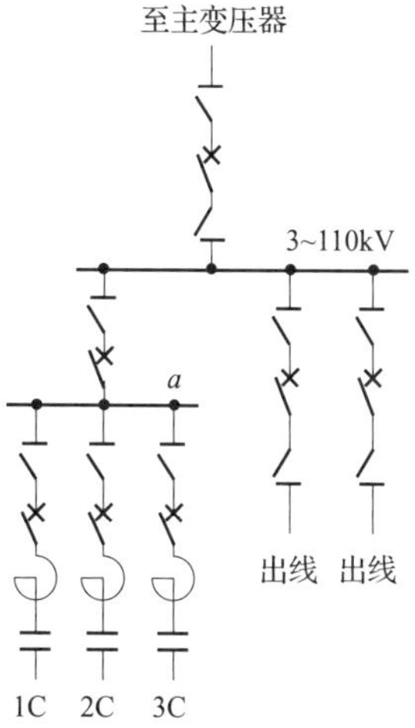

图 4.1.1-3　设置电容器专用母线的接线方式

注：a——电容器专用母线。

4.1.3　低压并联电容器装置可与低压供电柜同接一条母线。低压电容器或电容器组，可采用三角形接线或星形接线方式。

4.2　配套设备及其连接

4.2.1　并联电容器装置应装设下列配套设备(图 4.2.1)：

1　隔离开关、断路器或负荷开关；

2　串联电抗器(含阻尼式限流器)；

3　操作过电压保护用避雷器；

4　接地开关；

5　放电器件；

6　继电保护、控制、信号和电测量用一次及二次设备；

7　单台电容器保护用外熔断器，应根据保护需要和单台电容器容量配置。

4.2.2　并联电容器装置分组回路投切开关应装设于电容器组的电源侧。

开关型式应根据具体工程通过经济技术性比较后确定。

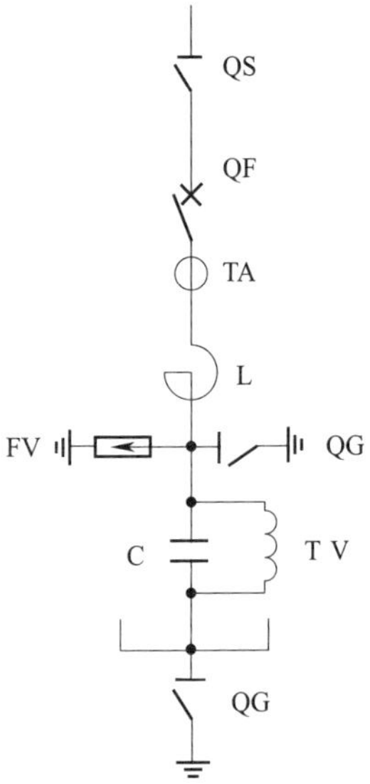

图 4.2.1　并联电容器组与配套设备连接方式

4.2.3　并联电容器装置的串联电抗器宜装设于电容器的电源侧，并应校验其耐受短路电流的能力。当铁心电抗器的耐受短路电流的能力不能满足装设于电源侧要求时，应装设于中性点侧。

4.2.4　电容器配置外熔断器时，每台电容器应配置一个专用熔断器。

4.2.5　电容器的外壳直接接地时，外熔断器应串接在电容器的电源侧。电容器装设于绝缘框(台)架上且串联段数为 2 段及以上时，应至少有一个串联段的外熔断器串接于电容器的电源侧。

4.2.6　并联电容器装置的放电线圈接线应符合下列规定：

1　放电线圈与电容器宜采用直接并联接线；

2　**放电线圈一次绕组中性点不应接地。**

4.2.7　并联电容器装置宜在其电源侧和中性点侧设置检修接地开关；当中性点侧装设接地开关有困难时，可采用其他检修接地措施。

4.2.8 并联电容器装置应装设抑制操作过电压的避雷器，避雷器连接方式应符合下列规定：

1 避雷器连接应采用相对地方式（图 4.2.8）；

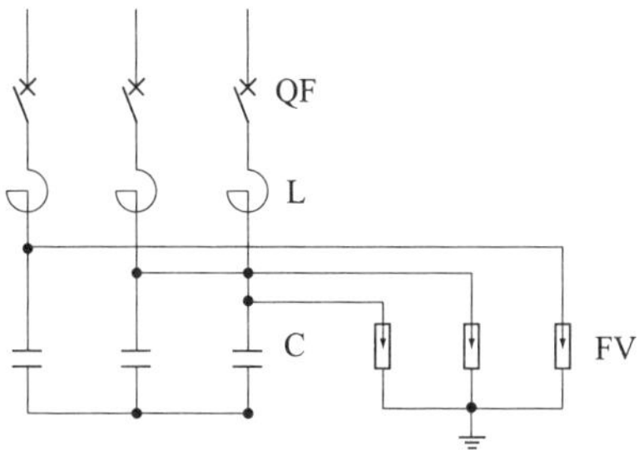

图 4.2.8 相对地避雷器接线

2 避雷器接入位置应紧靠电容器组的电源侧；

3 不得采用三台避雷器星形连接后经第四台避雷器接地的接线方式。

4.2.9 低压并联电容器装置宜装设下列配套元件（图 4.2.9），当采用的电容器投切器件具有限制涌流功能和电容器柜有谐波超值保护时，可不装设限流线圈和过载保护器件：

1 总回路刀开关和分回路投切器件；

2 操作过电压保护用避雷器；

3 短路保护用熔断器；

4 过载保护器件；

5 限流线圈；

6 放电器件；

7 谐波含量超限保护、自动投切控制器、保护元件、信号和测量表计等配套器件。

4.2.10 低压电容器装设的外部放电器件，可采用三角形接线或星形接线，并应直接与电容器（组）并联连接。

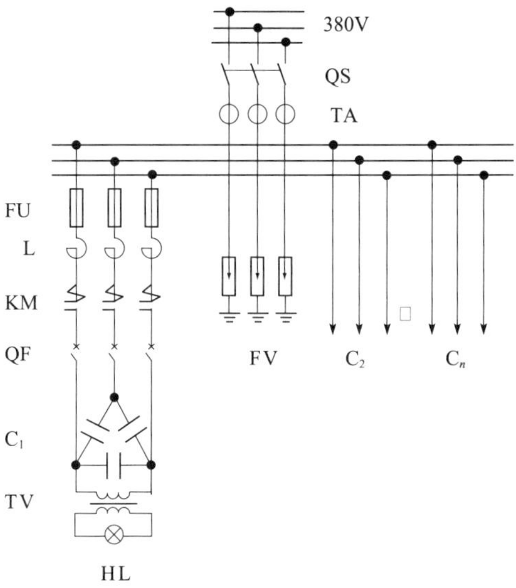

图 4.2.9　低压并联电容器装置元件配置典型接线

5 电器和导体选择

5.1 一 般 规 定

5.1.1 并联电容器装置的设备选型，应根据下列条件确定：

1 电网电压、电容器运行工况；

2 电网谐波水平；

3 母线短路电流；

4 电容器对短路电流的助增效应；

5 补偿容量和扩建规划、接线、保护及电容器组投切方式；

6 海拔高度、气温、湿度、污秽和地震烈度等环境条件；

7 布置与安装方式；

8 产品技术条件和产品标准。

5.1.2 并联电容器装置的电器和导体选择，应满足在当地环境条件下正常运行、过电压状态和短路故障的要求。

5.1.3 并联电容器装置总回路和分组回路的电器导体选择时，回路工作电流应按稳态过电流最大值确定。

5.1.4 并联电容器装置的电气设备绝缘水平，不应低于变电站、配电站(室)中同级电压的其他电气设备。

5.1.5 制造厂生产的并联电容器成套装置，其组合结构应便于运输、现场安装、运行检修和试验，并应使组装后的整体技术性能满足使用要求。

5.2 电 容 器

5.2.1 电容器选型应符合下列规定：

1 组成并联电容器装置的电容器，可选用单台电容器、集合式电容器。单组容量较大时，宜选用单台容量为 500kV·A 及以上的电容器。

2 在占地面积受限、高地震烈度、强台风地区宜选用一体化集合式电容器装置。

3 电容器的温度类别应根据安装地点的环境空气温度或屋内冷却空气温度选择。

4 安装在严寒、高海拔、湿热带等地区和污秽、易燃、易爆等环境中的电容器，应满足环境条件的特殊要求。

5.2.2 电容器额定电压选择，应符合下列要求：

1 宜按电容器接入电网处的运行电压进行计算。

2 应计入串联电抗器引起的电容器运行电压升高。接入串联电抗器后，电容器运行电压应按下式计算：

$$U_c = \frac{U_s}{\sqrt{3}S} \cdot \frac{1}{1-K} \tag{5.2.2}$$

式中：U_c——电容器的端子运行电压(kV)；

U_s——并联电容器装置的母线运行电压(kV)；

S——电容器组每相的串联段数；

K——电抗率。

5.2.3 电容器的绝缘水平应按电容器接入电网处的电压等级，电容器组接线方式确定的串并联组合、安装方式，环境条件要求等，根据电容器产品标准选取。不同电压等级并联电容器装置绝缘水平应符合表 5.2.3 规定的数值。

表 5.2.3 不同电压等级并联电容器装置绝缘水平[①] (kV)

系统标称电压	一次电路		二次电路
	工频耐受电压（方均根值）	雷电冲击耐受电压（峰值）	工频耐受电压（方均根值）
10	42	75	3
20	55	125	3
35	95	185	3

续表 5.2.3

系统标称电压	一次电路		二次电路
	工频耐受电压（方均根值）	雷电冲击耐受电压（峰值）	工频耐受电压（方均根值）
66	140	325	3
110	200 275②	450 650②	3

注：①表中所示绝缘水平仅适用于海拔 1000m 及以下地区，对于海拔超过 1000m 地区，绝缘水平应进行海拔修正；低电压等级电容器绝缘水平可参考现行国家标准《低压系统内设备的绝缘配合》GB/T 16935 的相关规定。

②适用于 1000kV 变电站内 110kV 电压等级并联电容器。

5.2.4 单台电容器额定容量选择，应根据电容器组容量和每相电容器的串联段数和并联台数确定，并宜在电容器产品额定容量系列的优先值中选取。

5.2.5 低压并联电容器装置应根据环境条件和使用技术要求选择。

5.3 投切开关

5.3.1 用于并联电容器装置的断路器选型，应采用真空断路器或 SF_6 断路器等适合于电容器组投切的设备。对于 10kV 及以下并联电容器装置，宜选用真空断路器或真空接触器；对于 35kV 及以上并联电容器装置，宜选用 SF_6 断路器或负荷开关。所选用断路器/负荷开关技术性能除应符合断路器/负荷开关共用技术要求外，尚应满足下列特殊要求：

1 应具备频繁操作的性能；

2 合、分时触头弹跳不应大于限定值；

3 投切开关开合容性电流能力应满足现行国家标准《高压交流断路器》GB/T 1984 中 C2 级断路器要求；

4 应能承受电容器组的关合涌流和工频短路电流，以及电容器高频涌流的联合作用。

5.3.2 并联电容器装置总回路中的断路器，应具有切除所连接的全部电容器组和开断总回路短路电流的能力。分组回路可采用不承担开断短路电流的开关设备。

5.3.3 低压并联电容器装置中的投切开关切除电容器时，不应发生重击穿；投切开关应具有可以频繁操作的性能。宜采用具有选相功能和功耗较小的开关器件。当采用普通开关时，其接通、分断能力和短路强度等技术性能，应符合设备装设点的电网条件。

5.4 熔 断 器

5.4.1 用于单台电容器保护的外熔断器选型时，应采用电容器专用熔断器。

5.4.2 用于单台电容器保护的外熔断器的熔丝额定电流，可按电容器额定电流的1.37倍～1.50倍选择。

5.4.3 用于单台电容器保护的外熔断器的额定电压、耐受电压、开断性能、熔断性能、耐爆能量、抗涌流能力、机械强度和电气寿命等，应符合国家现行有关标准的规定。

5.5 串联电抗器

5.5.1 串联电抗器选型时，应根据工程条件经技术经济比较确定选用干式电抗器或油浸式电抗器。安装在屋内的串联电抗器，宜采用设备外漏磁场较弱的干式铁心电抗器或类似产品。

5.5.2 串联电抗器电抗率选择，应根据电网条件与电容器参数经相关计算分析确定，电抗率取值范围应符合下列规定：

1 仅用于限制涌流时，电抗率宜取0.1%～1%；

2 用于抑制谐波时，电抗率应根据并联电容器装置接入电网处的背景谐波含量的测量值选择。当谐波为5次及以上时，电抗率宜取5%；当谐波为3次及以上时，电抗率宜取12%，亦可采用5%与12%两种电抗率混装方式。

5.5.3 并联电容器装置的合闸涌流限值，宜取电容器组额定电流的20倍；当超过时，应采用装设串联电抗器予以限制。电容器组投入电网时的涌流计算，应符合本规范附录A的规定。

5.5.4 串联电抗器的额定电压和绝缘水平，应符合接入处的电网电压要求。

5.5.5 串联电抗器的额定电流应等于所连接的并联电容器组的额定电流，其允许过电流不应小于并联电容器组的最大过电流值。

5.5.6 并联电容器装置总回路装设有限流电抗器时，应计入其对电容器分组回路电抗率和母线电压的影响。

5.6 放电线圈

5.6.1 放电线圈选型时，应采用电容器组专用的油浸式或干式放电线圈产品。油浸式放电线圈应为全密封结构，产品内部压力应满足使用环境温度变化的要求，在最低环境温度下不得出现负压。

5.6.2 放电线圈的额定一次电压应与所并联的电容器组的额定电压一致。

5.6.3 放电线圈的额定绝缘水平应符合下列要求：

1 安装在地面上的放电线圈，额定绝缘水平不应低于同电压等级电气设备的额定绝缘水平；

2 安装在绝缘框(台)架上的放电线圈，其额定绝缘水平应与安装在同一绝缘框(台)上的电容器的额定绝缘水平一致。

5.6.4 放电线圈的最大配套电容器容量(放电容量)，不应小于与其并联的电容器组容量；放电线圈的放电性能应能满足电容器组脱开电源后，在5s内将电容器组的剩余电压降至50V及以下。

5.6.5 放电线圈带有二次线圈时，其额定输出、准确级，应满足保护和测量的要求。

5.6.6 低压并联电容器装置的放电器件应满足电容器断电后，在3min内将电容器的剩余电压降至50V及以下；当电容器再次投入时，电容器端子上的剩余电压不应超过额定电压的0.1倍。

5.6.7 同一装置中的放电线圈的励磁特性应一致。

5.7 避雷器

5.7.1 用于并联电容器装置操作过电压保护的避雷器，应采用无间隙金属氧化物避雷器。

5.7.2 用于并联电容器操作过电压保护的避雷器的参数选择，应根据电容器组参数和避雷器接线方式确定。

5.8 导体及其他

5.8.1 单台电容器至母线或熔断器的连接线应采用软导线，其长期允许电流不宜小于单台电容器额定电流的1.5倍。

5.8.2 并联电容器装置的分组回路，回路导体截面应按并联电容器组额定电流的1.3倍选择，并联电容器组的汇流母线和均压线导线截面应与分组回路的导体截面相同。

5.8.3 双星形接线电容器组的中性点连接线和桥形接线电容器组的桥连接线，其长期允许电流不应小于电容器组的额定电流。

5.8.4 并联电容器装置的所有连接导体应满足长期允许电流的要求，并应满足动稳定和热稳定要求。

5.8.5 用于并联电容器装置的支柱绝缘子，应按电压等级、泄漏距离、空气净距、机械荷载等技术条件，以及运行中可能承受的最高电压选择和校验。

5.8.6 用于并联电容器组不平衡保护的电流互感器，应符合下列要求：

1 额定电压应按接入处的电网电压选择；

2 额定电流不应小于最大稳态不平衡电流；

3 电流互感器应能耐受电容器极间短路故障状态下的短路电流和高频涌放电流，不得损坏；

4 准确级应满足继电保护要求。

6 保护装置和投切装置

6.1 保 护 装 置

6.1.1 单台电容器内部故障保护方式(内熔丝、外熔断器和继电保护),应在满足并联电容器组安全运行的条件下,根据各地的实践经验配置。

6.1.2 高压并联电容器组(内熔丝、外熔断器和无熔丝)均应设置不平衡保护。不平衡保护应满足可靠性和灵敏度要求,保护方式可根据电容器组接线在下列方式中选取:

1 单星形电容器组,可采用开口三角电压保护(图 6.1.2-1)。

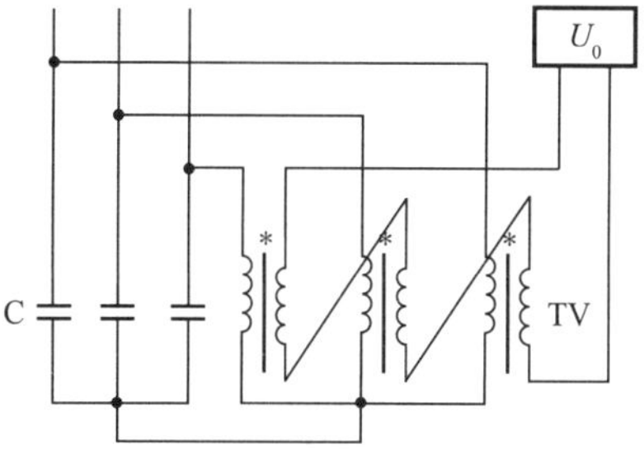

图 6.1.2 1 单星形电容器组开口二角电压保护原理接线

2 单星形电容器组,串联段数为两段及以上时,可采用相电压差动保护(图 6.1.2-2)。

3 单星形电容器组,每相能接成四个桥臂时,可采用桥式差电流保护(图 6.1.2-3),对于 110kV 及以上的大容量电容器组,宜采用串联双桥差电流保护。

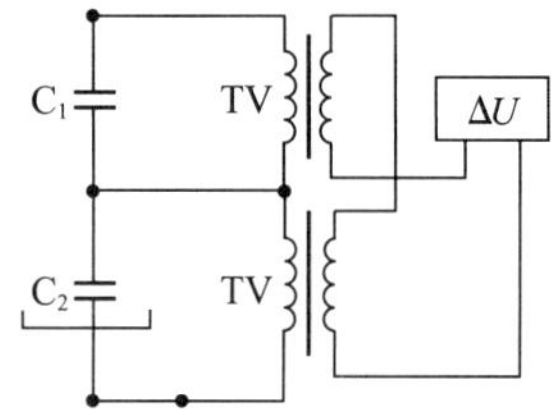

图 6.1.2-2　单星形电容器组相电压差动保护原理接线

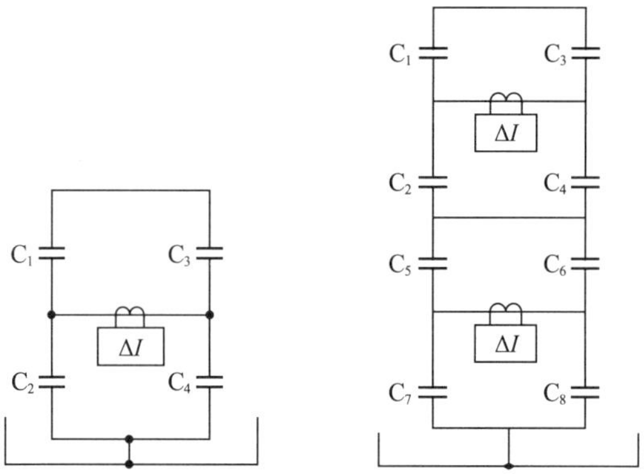

单桥差接线　　　　双桥差接线

图 6.1.2-3　单星形电容器组桥式差电流保护原理接线

4　双星形电容器组,可采用中性点不平衡电流保护(图 6.1.2-4)。

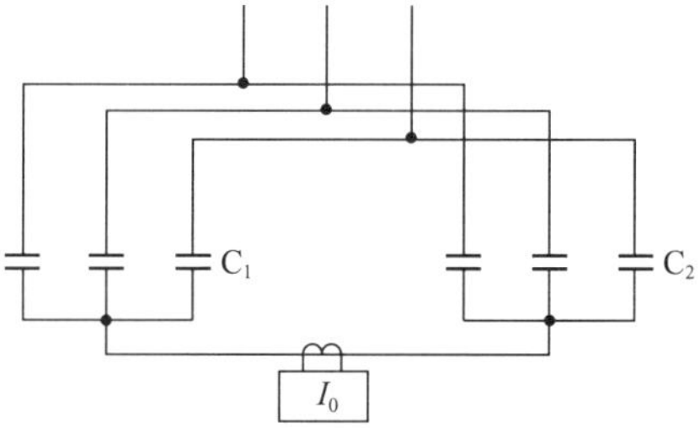

图 6.1.2-4　双星形电容器组中性点不平衡电流保护原理接线

5 不平衡保护的整定值应按电容器组运行的安全性、保护动作的可靠性和灵敏性，并根据不同保护方式进行计算确定。

6.1.3 并联电容器装置应设置速断保护，保护应动作于跳闸。速断保护的动作电流值，应按最小运行方式下，在电容器组端部引线发生两相短路时，保护的灵敏系数符合继电保护要求进行整定；速断保护的动作时限，应大于电容器组的合闸涌流时间。

6.1.4 并联电容器装置应装设过电流保护，保护应动作于跳闸。过流保护的动作电流值，应按大于电容器组的长期允许最大过电流整定。

6.1.5 并联电容器装置应装设母线过电压保护，保护应带时限动作于信号或跳闸。

6.1.6 并联电容器装置应装设母线失压保护，保护应带时限动作于跳闸。

6.1.7 并联电容器装置的串联电抗器应符合下列规定：

1 油浸式串联电抗器，其容量为0.18MV·A及以上时，宜装设瓦斯保护。当油箱内故障产生轻微瓦斯或油面下降时，应瞬时动作于信号；当油箱内故障产生大量瓦斯时，应瞬时动作于断路器跳闸。

2 干式串联电抗器，宜根据具体条件设置保护。

6.1.8 电容器组的电容器外壳直接接地时，宜装设电容器组接地保护。

6.1.9 集合式电容器应装设压力释放和温控保护，压力释放动作于跳闸，温控动作于信号。

6.1.10 低压并联电容器装置，应有短路保护、过电流保护、过电压保护和失压保护，并宜装设谐波超值保护。

6.2 投切装置

6.2.1 并联电容器装置宜采用自动投切方式，并应符合下列规定：

1 变电站的并联电容器装置，可采用按电压、无功功率和时间等组合条件的自动投切方式；

2 变电站的主变压器具有有载调压装置时，自动投切方式的电容器装置可与变压器分接头进行联合调节，但应对变压器分接头调节方式进行系统电压闭锁或与系统交换无功功率优化闭锁；

3 对于不需要按综合条件投切的并联电容器装置，可分别采用电压、无功功率（电流）、功率因数或时间进行自动投切控制。

6.2.2 自动投切装置应具有防止保护跳闸时误合电容器组的闭锁功能，并应根据运行需要设置控制、调节、闭锁、联络和保护功能，同时应设置改变投切方式的选择开关。

6.2.3 变电站中有两种电抗率的并联电容器装置时，其中12%的装置应具有先投后切的功能。

6.2.4 并联电容器的投切装置严禁设置自动重合闸。

6.2.5 低压并联电容器装置应采用自动投切。自动投切的控制量可选用无功功率、电压、时间等参数。

7 控制回路、信号回路和测量仪表

7.1 控制回路和信号回路

7.1.1 并联电容器装置，应根据变电站的综合自动化设备配置对其进行监控。

7.1.2 并联电容器装置的断路器与相应的隔离开关和接地开关之间，应设置闭锁装置。

7.1.3 并联电容器装置，应设置断路器的位置信号、运行异常的告警信号和事故跳闸的信号。

7.1.4 低压并联电容器装置，可采用就地控制。宜设置内部故障告警信号。

7.2 测量仪表

7.2.1 并联电容器装置所连接的母线，应装设一个切换测量线电压的电压表。

7.2.2 并联电容器装置的总回路，应装设无功功率表(或功率因数表)、无功电度表，每相应装设一个电流表。

7.2.3 当总回路下面连接有并联电容器和并联电抗器时，总回路装设的无功功率表应为双向测量无功功率，并应装设分别计量容性和感性的无功电度表。

7.2.4 并联电容器装置的分组回路中，可仅设一个电流表。当并联电容器装置与供电线路同接在一条母线时，宜在并联电容器装置的分组回路中装设无功电度表。

7.2.5 并联电容器装置的测量回路接入微机监控系统时，总回路与分组回路可不再装设测量表计。

7.2.6 低压并联电容器装置，应装设电流表、电压表及功率因数表，当投切控制器具有电流、电压和功率因数显示功能时，可不再装设电流表、电压表及功率因数表计。

8 布置和安装设计

8.1 一般规定

8.1.1 并联电容器装置的布置和安装设计，应利于通风散热、运行巡视、便于维护检修和更换设备，以及预留分期扩建条件。

8.1.2 并联电容器装置的布置形式，应根据安装地点的环境条件、设备性能和当地实践经验选择。一般地区宜采用屋外布置；严寒、湿热、风沙等特殊地区宜采用屋内布置，污秽、易燃、易爆等特殊环境地区应按现行国家标准《爆炸危险环境电力装置设计规范》GB 50058要求选择布置形式。不同布置形式应符合以下规定：屋内布置的并联电容器装置，应采取防止凝露引起污闪事故的安全措施。

8.1.3 并联电容器装置应设置安全围栏，围栏对带电体的安全距离应符合现行行业标准《高压配电装置设计技术规程》DL/T 5352的有关规定，围栏门应采取安全闭锁措施，并应采取防止小动物侵袭的措施。

8.1.4 供电线路的开关柜不宜与并联电容器装置布置在同一配电室中。

8.1.5 并联电容器装置中的铜、铝导体连接，应采取装设铜铝过渡接头等措施。

8.1.6 并联电容器组的框（台）架、柜体结构件、串联电抗器的支架等钢结构构件，应采取镀锌或其他有效的防腐措施。

8.1.7 并联电容器组下部地面和周围地面的处理，应符合下列规定：

1 屋外油浸式并联电容器组安全围栏内，宜铺设一层碎石或卵石（混凝土基础以外部分），其厚度应为100 mm～150mm，并不得高于周围地坪；

2 屋内并联电容器组下部地面，应采取防止油浸式电容器液体溢流措施。屋内其他部分的地面和面层，可与变电站的房屋建筑设计协调一致。

8.1.8 电容器室的屋面防水设计，不得低于屋内配电装置室的防水标准。

8.1.9 低压并联电容器装置宜采用屋内布置，也可根据安装布置需要和设备对环境条件的适应能力采用屋外布置。

8.1.10 低压电容器柜和低压配电屏可同室布置，但宜将低压电容器柜布置在同列屏柜的端部。

8.1.11 低压并联电容器装置室，可采用混凝土地面，面层可采用水泥砂浆抹面并压光或与其所在建筑物设计一致。

8.2 并联电容器组的布置和安装设计

8.2.1 并联电容器组的布置，宜分相设置独立的框(台)架。当电容器台数较少或受到场地限制时，可设置三相共用的框架。

8.2.2 分层布置并联电容器组框(台)架层数应根据电压等级、容量及场地条件来确定。

8.2.3 并联电容器组的安装设计最小尺寸，宜符合表 8.2.3 的规定。

表 8.2.3 并联电容器组安装设计最小尺寸(mm)

名称	电容器(屋外、屋内)		电容器底部距地面		框(台)架顶部至屋内顶面净距
	间距	排间距离	屋外	屋内	
最小尺寸	70	100	300	200	1000

8.2.4 屋外或屋内布置的并联电容器组，应在其四周或一侧设置维护通道，维护通道的宽度不宜小于 1.2m。电容器在框(台)架上单排布置时，框(台)架可靠墙布置；电容器在框(台)架上双排布置时，框(台)架相互之间或与墙之间，应留出距离设置检修走道，走道宽度不宜小于 1m。

8.2.5 并联电容器组的绝缘水平应与电网绝缘水平相配合。电容器的绝缘水平和接地方式应符合下列规定：

1 当电容器绝缘水平与电网一致时，应将电容器外壳和框（台）架可靠接地；当电容器绝缘水平低于电网时，应将电容器安装在与电网绝缘水平相一致的绝缘框（台）架上，电容器的外壳应与框（台）架可靠连接，并应采取电位固定措施。

2 集合式电容器在地面安装时外壳应可靠接地。

8.2.6 并联电容器安装连接线应符合以下规定：

1 电容器套管相互之间连接线，以及电容器套管至母线和熔断器的连接线，应有一定的松弛度；

2 单套管电容器组的连接壳体的导线，应采用软导线由壳体端子上引接；

3 不应直接利用电容器套管连接或支承硬母线。

8.2.7 并联电容器组三相的任何两相之间的最大与最小电容之比，电容器组每组各串联段之间的最大与最小电容之比，均不宜超过1.02。

8.2.8 并联电容器装置中未设置接地开关时，应设置挂临时接地线的母线接触面和地线连接端子。

8.2.9 并联电容器组的汇流母线应满足机械强度的要求。

8.2.10 外熔断器安装，应符合下列要求：

1 应装设在通道一侧；

2 安装角度、喷口方向和弹簧拉紧位置，应符合制造厂的产品说明，拉紧弹簧必须保持规定的弹力状态；

3 熔丝熔断后，尾线不应搭在电容器外壳上。

8.2.11 并联电容器装置，可根据周围环境中鸟类、鼠、蛇类等小动物活动的实际情况，采取封堵、挡板和网栏等措施。

8.3 串联电抗器的布置和安装设计

8.3.1 油浸式铁心串联电抗器的安装布置应满足下列要求：

1　宜布置在屋外，当污秽较重的工矿企业采用普通电抗器时，应布置在屋内；

2　屋内安装的油浸式铁心串联电抗器，其油量超过100kg时，应单独设置防爆间隔和储油设施。

8.3.2　干式空心串联电抗器的安装布置应满足下列要求：

1　宜采用分相布置的一字形排列或三角形排列；

2　当采用屋内布置时，应加大对周围的空间距离，宜避开继电保护和微机监控等电气二次弱电设备。

8.3.3　干式空心串联电抗器布置与安装时，应满足防电磁感应要求。电抗器对其四周不形成闭合回路的铁磁性金属构件的最小距离，以及电抗器相互之间的最小中心距离，均应满足下列要求：

1　电抗器对上部、下部和基础中的铁磁性构件距离，不宜小于电抗器直径的0.5倍；

2　电抗器中心对侧面的铁磁性构件距离，不宜小于电抗器直径的1.1倍；

3　电抗器相互之间的中心距离，不宜小于电抗器直径的1.7倍。

8.3.4　干式空心串联电抗器支承绝缘子的金属底座接地线，应采用放射形或开口环形。

8.3.5　干式空心串联电抗器组装的零部件，宜采用非导磁的不锈钢螺栓连接；当采用矩形母线与相邻设备连接时，矩形母线宜采用立式安装方式。

8.3.6　干式铁心电抗器应布置在屋内，安装时应满足产品的相关规定。

9 防火和通风

9.1 防　　火

9.1.1 屋外并联电容器装置与变电站内建(构)筑物和设备的防火间距,应符合现行国家标准《火力发电厂与变电站设计防火规范》GB 50229 和《建筑设计防火规范》GB 50016 的有关规定。

当并联电容器室与其他建筑物连接布置时,相互之间应设置防火墙,防火墙上及两侧 2m 以内的范围,不得开门窗及孔洞。电容器室的楼板、隔墙、门窗和孔洞均应满足防火要求。

9.1.2 并联电容器装置应设置消防设施,并符合下列要求:

1 属于不同主变压器的屋外大容量并联电容器装置之间,宜设置消防通道;

2 属于不同主变压器的屋内并联电容器装置之间,宜设置防火隔墙。

9.1.3 并联电容器组的框(台)架和柜体,均应采用非燃烧或难燃烧的材料制作。

9.1.4 并联电容器室应为丙类生产建筑,其建筑物的耐火等级不应低于二级。

9.1.5 并联电容器室的长度超过 7m 时,应设两个出口。并联电容器室的门应向外开启。相邻两个并联电容器室之间的隔墙需开门时,应采用乙级防火门。并联电容器室不宜设置采光玻璃窗。

9.1.6 与并联电容器装置相关的沟道,应满足下列要求:

1 并联电容器室通向屋外的沟道,在屋内外交接处应采用防火封堵;

2 电缆沟道的边缘对并联电容器组框(台)架外廓的距离,不宜小于 2m;引至并联电容器装置处的电缆,应采用穿管敷设并进行防火封堵；

3 低压并联电容器室内的沟道盖板，宜采用阻燃材料制作。

9.1.7 油浸集合式并联电容器，应设置储油池或挡油墙。电容器的浸渍剂和冷却油不得污染周围环境和地下水。

9.1.8 并联电容器装置宜布置在变电站最大频率风向的下风侧。

9.2 通　　风

9.2.1 并联电容器装置室的通风量，应按消除屋内余热计算。

9.2.2 并联电容器装置室的夏季排风温度，应根据电容器的环境温度类别确定，不应超过表 9.2.2 规定的电容器允许的最高环境温度。

表 9.2.2 电容器允许的最高环境温度(℃)

代　　号	最　　高	24h 平均值	年平均最高
A	40	30	20
B	45	35	25
C	50	40	30
D	55	45	35

9.2.3 串联电抗器小间的通风量，应按消除屋内余热计算，夏季排风温度不宜超过 40℃。

9.2.4 并联电容器装置室，宜采用自然通风，当自然通风不能满足要求时，可采用自然进风和机械排风。

9.2.5 在风沙较大地区，并联电容器装置室应采取防尘措施，进风口宜设置过滤装置。

9.2.6 并联电容器装置的布置方向，应减少太阳辐射热对电容器的影响，并宜布置在夏季通风良好的方向。

9.2.7 并联电容器装置室设置屋面保温层或隔热层的结构设计，应根据当地的气温条件确定。

附录A　电容器组投入电网时的涌流计算

A.0.1　同一电抗率的电容器组单组投入或追加投入时，涌流应按下列公式计算：

$$I_{*ym}=\frac{1}{\sqrt{K}}(1-\beta\frac{Q_0}{Q})+1 \quad (A.0.1\text{-}1)$$

$$\beta=1-\frac{1}{\sqrt{1+\frac{Q}{KS_d}}} \quad (A.0.1\text{-}2)$$

$$Q=Q'+Q_0 \quad (A.0.1\text{-}3)$$

式中：I_{*ym}——涌流峰值的标么值（以投入的电容器组额定电流峰值为基准值）；

Q——同一母线上装设的电容器组总容量（Mvar）；

Q_0——正在投入的电容器组容量（Mvar）；

Q'——所有正在运行的电容器组容量（Mvar）；

β——电源影响系数。

A.0.2　当有两种电抗率的多组电容器追加投入时，涌流计算应符合下列规定：

1　设正在投入的电容器组电抗率为 K_1，当满足 $\frac{Q}{K_1S_d}<\frac{2}{3}$ 时，涌流应按下式计算：

$$I_{*ym}=\frac{1}{\sqrt{K_1}}+1 \quad (A.0.2)$$

2　仍设正在投入的电容器组电抗率为 K_1，两种电抗率中的另一种电抗率为 K_2，当满足 $\frac{Q}{KS_d}\geqslant\frac{2}{3}$，且 $\frac{Q}{K_2S_d}<\frac{2}{3}$ 时，涌流仍应按本规范式A.0.1计算，其中：$K=K_1$。

本规范用词说明

1 为便于在执行本规范条文时区别对待，对要求严格程度不同的用词说明如下：

1）表示很严格，非这样做不可的：

正面词采用“必须”，反面词采用“严禁”；

2）表示严格，在正常情况下均应这样做的：

正面词采用“应”，反面词采用“不应”或“不得”；

3）表示允许稍有选择，在条件许可时首先应这样做的：

正面词采用“宜”，反面词采用“不宜”；

4）表示有选择，在一定条件下可以这样做的，采用“可”。

2 条文中指明应按其他有关标准执行的写法为：“应符合……的规定”或“应按……执行”。

引用标准名录

《建筑设计防火规范》GB 50016

《爆炸危险环境电力装置设计规范》GB 50058

《火力发电厂与变电站设计防火规范》GB 50229

《高压交流断路器》GB/T 1984

《电能质量　公用电网谐波》GB/T 14549

《低压系统内设备的绝缘配合》GBT 16935

《高压配电装置设计技术规程》DL/T 5352

中华人民共和国国家标准

并联电容器装置设计规范

GB 50227 - 2017

条 文 说 明

修 订 说 明

《并联电容器装置设计规范》GB 50227—2017，经住房城乡建设部2017年3月3日以第1456号公告批准发布。

本规范是在原国家标准《并联电容器装置设计规范》GB 50227—2008的基础上修订而成的，《并联电容器装置设计规范》GB 50227—2008的主编单位是中国电力工程顾问集团西南电力设计院、济南迪生电子电气有限公司，参编单位是：电力工业无功补偿成套装置质检中心，中冶赛迪工程技术股份有限公司，北京华宇工程有限公司，辽宁电能发展有限公司，主要起草人是：张化良、胡晓、蒲皓、胡劲松、冯小明、李彬、高元、孙卫民、陶勤、赵启成、孙士民。

本次修订主要是考虑到近年来，随着我国特高压输电系统迅速发展，110kV电压等级并联电容器装置已经大量使用，同时电容器制造技术也有了进一步的提高，上一版规范内容已经无法完全涵盖和适应新的技术发展，需进行修订。在本次修订过程中，编制组进行了广泛的调查研究，认真总结了特高压工程实践经验，参考了有关国际标准和国外先进标准，取得了重要的技术参数。为了方便广大设计、施工管理、科研、学校等单位有关人员在使用本规范时能正确理解和执行条文规定，《并联电容器装置设计规范》编制组按章、节、条的顺序编制了本规范的条文说明，对条文规定的目的、依据以及执行中需要注意的有关事项进行了说明，还着重对强制性条文的强制性理由做了解释。但是，本条文说明不具备与规范正文同等的法律效力，仅供使用者作为理解和把握规范规定的参考。

目　　次

1 总　　则

1.0.1 本条为制定本规范的目的。

本条强调并联电容器装置设计要贯彻国家的基本建设方针，体现我国的技术经济政策，技术上要把安全可靠放在首位，在技术经济综合指标上要体现技术先进，同时，并联电容器装置设计要为运行创造良好的条件。

1.0.2 本条为本规范的适用范围。

本规范修订前的适用范围为750kV及以下变电站和低压配电室，根据我国交流1000kV特高压工程发展的需要和工程实践经验总结，以及部分单位提出的意见，本次修订后适用范围扩大到1000kV变电站，该电压等级变电站的主变第三线圈电压为110kV，本规范适用的电容器组电压范围也是110kV，所以，规范条文规定无须因扩大适用范围而变动内容。另外，本规范不适用于换流站中220kV及以上的交流滤波器。

本规范的重点为高压并联电容器装置设计的技术要求。对于配电网中电力用户的低压电容器补偿，一般都是采用成套低压电容器柜，此设备由制造厂成套供货，用户可以根据自己的不同要求直接选择成套产品，不需要进行安装（组装）设计（即购买元部件，按设计图组装成装置）。所以，本规范仅在低压并联电容器装置设备选型和安装设计方面做了必要的技术规定。

1.0.3 本条为并联电容器装置设计原则的共性要求。

并联电容器装置设计时要考虑各工程的具体情况和当地实践经验，不能一概而论。本规范的一些条文规定具有一定的灵活性，要正确理解，结合本地区的情况和习惯性做法合理运用条文规定。

1.0.4 并联电容器装置设备选型要从工程条件和实际需要出发，

使设备运行安全可靠。此外，设备选型尚应符合国家现行产品技术标准的规定，其中包括电力行业标准和制造行业的产品标准。

1.0.5 本条明确了本规范与相关标准之间的关系。本规范为并联电容器装置设计和装置安装设计、成套低压电容器柜选型和装置安装设计的统一专业技术标准。本规范所涉及的技术内容在国家现行标准中已有规定的，除了需要在本规范中强调的规定，不再重复其他标准条文。

2 术语、符号和代号

为执行本规范条文规定时正确理解特定的名词术语含义，特列入了一些与本规范相关的名词术语，便于执行条文规定时查找使用。同时，将条文和附录中计算公式采用的符号，以及条文附图中的代号也纳入本章集中列出，方便应用。

条文和附录中计算公式采用的符号，是按本专业的特点和通用性来制订的。

条文附图中的图形符号，是参照现行国家标准《工业系统、装置与设备以及工业产品结构原则与参照代号》GB 7159 的规定，并结合本专业的通用习惯制订的。

本次修订增加了术语“负荷开关 load-breaking switch”，其英文表示及术语解释引自现行国家标准《电工术语　高压开关设备和控制设备》GB/T 2900.20—2016。

3 接入电网基本要求

3.0.1 本条是并联电容器装置设计的总原则。

并联电容器是容性无功的主要电源。无功电源的安排，应在电力系统有功规划的基础上，同时进行无功规划。原则上应使无功就地分区分层基本平衡，按地区补偿无功负荷，就地补偿降压变压器的无功损耗，并应能随负荷（或电压）变化进行调整，避免经长距离线路或多级变压器传送无功功率，以减少由于无功功率的传送而引起的电网有功损耗，达到降损节能。

3.0.2 本条是确定并联电容器装置总容量的原则规定。

每个变电站原则上均应配置一定补偿容量的感性无功和容性无功，本规范针对的是容性无功补偿。变电站配置无功补偿容量应根据无功规划，进行调相调压计算来确定。计算原则按照现行行业标准《电力系统电压和无功电力技术导则》SD 325 规定，在《全国供用电规则》中还规定了负荷的功率因数，由高压供电的工业用户和装有带负荷调整电压装置的高压工业用户，功率因数应为 0.90 以上。

据调查，在变电站中，并联电容器安装容量占主变容量的比例，由于各地电网情况和无功补偿容量的差异而略有不同，一般不少于 10%，不大于 30%。因此，如果没有调相调压计算依据，并联电容器的装设容量，也可大致按主变压器容量的 10%～30%来估算。无功缺额多的地区取高值，缺额少则取小值。在新制订的企业标准《国家电网公司电力系统无功补偿配置技术原则》中，对各级电压变电站的估算值做了细化规定：500kV 为 15%～20%；220kV 为 10%～30%；35kV～110kV 为 10%～25%；公用配电网为 20%～40%。或者按变压器最大负荷时，高压侧功率因数不低于0.95进行补偿，同时，强调电力用户的无功补偿装置，应有防止向系统反送无功功率的措施。在国家电网公司的企业标准中，对功率因数值进一步要求为：在35kV～220kV变电站中，在主变最大负荷时一次侧功率因数不应低于0.95，在低谷负荷时功率因数不应高于0.95。但近年来，我国电网系统规模增速较快，根据南方电网公司无功调研结论，500kV电压等级变电站在重负荷情况下，按变压器容量的20%配置无功，已经不够，建议增加到30%。基于此，在规程中，依然推荐根据安装点无功规划计算确定。若按主变压器容量选择时，建议按主变容量的10%～30%选择。

3.0.3 变电站中装设的并联电容器总容量确定以后，通常将电容器分成若干组再进行安装，分组原则主要是根据电压波动、负荷变化、电网背景谐波含量，以及设备技术条件等因素来确定。实际上，目前电力行业标准《35kV～220kV变电站无功补偿装置设计技术规定》DL/T 5242、《330kV～750kV变电站无功补偿装置设计技术规定》DL/T 5014中均有条文规定要求电容器分组投切时电压波动不宜超过母线额定电压的2.5%，而《电力系统设计手册》中则没有针对具体电压等级，而是要求所有电压等级电容器分组投切时波动不超过母线额定电压的2.5%。事实上，设计单位在实际操作时，在电网系统不是特别弱的情况下，也均按2.5%波动要求设计分组容量，但是对于极端弱系统的情况，在运行可以接受的情况下，为避免分组过多，投资大幅度增加，也会突破这个原则。

各分组电容器投切时，不能发生谐振，同时也要防止谐波的严重放大。因为，谐振是谐波严重放大的极端状态，谐振将导致电容器组产生严重过载，引起电容器产生异常声响和振动，外壳膨胀变形，甚至产生外壳爆裂而损坏。为了躲开谐振点，电容器组设计之前，应测量或分析系统主要谐波含量，根据设计确定的电抗率配置，按本条规定的谐振容量计算公式3.0.3计算，在设计分组容量时，避开谐振容量；电容器组在各种容量组合投切时，均应能躲开谐振点。加大分组容量,减少组数是躲开谐振点的措施之一。同时,要考虑运行时容量调节的灵活性,以便达到较高的投运率,使电容器发挥最大的效益。另外,正式投产前,应进行投切试验,测量系统谐波分量变化,如有过分的谐波放大或谐振现象产生,应采取对策消除。

分组电容器在不同组合下投切,变压器各侧母线的任何一次谐波电压含量,均不应超过现行国家标准《电能质量　公用电网谐波》GB/T 14549 的规定,标准中规定的谐波电压限值详见表 1。

表 1　公用电网谐波电压限值(相电压)

电网标称电压(kV)	电网总谐波畸变率(%)	各次谐波电压含有率(%)	
		奇次	偶次
0.38	5.0	4.0	2.0
6	4.0	3.2	1.6
10			
35	3.0	2.4	1.2
66			
110	2.0	1.6	0.8

3.0.4　并联电容器装置装设在主变压器的主要负荷侧,可以获得显著的无功补偿效果:降低变压器损耗,提高母线电压。一般 500kV 变电站的主要负荷侧在 220kV 侧;220kV 变电站的主要负荷侧在 110kV 侧,东北地区则在 66kV 侧。由于 220kV、110kV 设备较贵,到目前为止,还没在 220kV、110kV 电压等级上装设并联电容器组的工程实例,一般是在变电站的三绕组变压器的低压侧装设电容器。

需要说明,对于 110kV 变电站,其主要负荷侧通常在 35kV 侧,如果把电容器仍然装设在 10kV 侧,则在技术上是不合理的。当变电站的主要负荷侧在 66kV 及以下时,因为有成熟的系列设备可以配套,为了提高经济效益,应执行本条规定,将无功补偿的电容器组装设于主要负荷侧。

3.0.5 本条规定的目的是为了提高补偿效果，降低损耗，防止用户的无功补偿电容器向电网倒送无功。考虑到有的用户执行本条规定有困难，本次修订时不再强调严格执行本条规定，而是允许稍有选择，在条件许可时应首先执行本条规定。

3.0.6 本条为低压无功补偿的原则规定，执行这条规定有利于降低线路损耗，获得显著的技术经济效益。用户无功补偿应尽量分散靠近用电设备，用户的集中补偿装置也要尽量靠近负荷中心，以使无功流动距离最短，减少线路损耗。为了满足电网对无功补偿的要求，强调用户无功补偿的功率因数应达到要求，应符合《全国供用电规则》的规定。为了电网的安全经济运行，本条规定特别强调电力用户不得向电网倒送无功。

4 电气接线

4.1 接线方式

4.1.1 本条对并联电容器装置分组回路接入母线的三种方式和适用条件做了一般性规定，对应于每种接线方式都提供了附图，现说明如下：

(1)500kV 及以上变电站采用自耦变压器，部分 220kV 变电站采用三绕组变压器，低压侧只接站用变压器和电容器组，属于第一种接线方式，即图 4.1.1-1 所示，这种接线方式比较常见。

(2)在一条母线上既接有供电线路，又接有电容器组，在电力部门和电力用户的变电站、配电站(室)中相当多采用这种接线方式，属于第二种接线方式，即图 4.1.1-2 所示。

(3)为了满足电网运行中不断变化的无功需求，通常需要电容器组频繁投切，若分组回路采用能开断母线短路电流的断路器，因断路器价格较贵会引起工程造价提高，为节约投资，设置电容器组专用母线，专用母线的总回路断路器按能开断母线短路电流选择，分组回路开关不考虑开断母线短路电流，采用价格便宜的真空开关，满足频繁投切要求。即图 4.1.1-3 所示方式，这种方式在 35kV 以上电压等级比较少见，但是，近期发展起来的 10kV 自动补偿柜采用的正是这种接线方式。需要说明，分组回路作电容器投切的开关设备不是断路器，而是价格便宜、可频繁投切的接触器。

变电站中每台变压器均应配置一定容量的电容器以补偿其无功损耗，与主变一起投入运行。不考虑两台或多台主变压器下装设的并联电容器装置互相切换运行。如果采用切换方式，会造成电气接线和保护装置的复杂化，增加工程投资，而并未带来明显的技术经济效益。

针对本条，本次修订将母线电压等级提高到了110kV。

4.1.2 本条规定了并联电容器组和每相或每个桥臂的接线方式，以及串联段并联容量的规定。

据调查，二十世纪八十年代以前，并联电容器组接线有两类：三角形类(单三角形、双三角形)；星形类(单星形、双星形)。绝大多数并联电容器组的电压为6kV和10kV，接线方式为三角形，这种接线方式在技术上存在问题。可以说是当时电容器产品的额定电压造成了这种接线方式，如：电容器额定电压为6kV和10kV，正好接成三角形用于6kV和10kV电网。因为，当时电容器产品种类少，又没有设计标准可遵循，工矿企业中的并联电容器组大量采用三角形接线。单串联段的三角形接线并联电容器组，发生极间全击穿的机会是比较多的，极间全击穿相当于相间短路，注入故障点的能量，不仅有故障相健全电容器的涌放电流，还有其他两相电容器的涌放电流和系统的短路电流。这些电流的能量远远超过电容器油箱的耐爆能量，因而油箱爆炸事故较多。在当时，全国各地发生了不少三角形接线电容器组的爆炸起火事故，损失严重。而星形接线电容器组发生全击穿时，故障电流受到健全相容抗的限制，来自系统的工频电流大大降低，最大不超过电容器组额定电流的三倍，并且没有其他两相电容器的涌放电流，只有来自同相的健全电容器的涌放电流，这是星形接线电容器组油箱爆炸事故较少的技术原因之一。所以，本规范规定的并联电容器组接线方式是星形接线，全国都应遵循。

根据我国目前的设备制造现状，电力系统和电力用户的并联电容器装置安装情况，750kV及以下变电站的并联电容器组的电压等级为66kV及以下，而66kV及以下电网为非有效接地系统，在建的特高压交流工程的110kV也是采用的非有效接地系统，所以，星形接线电容器组中性点均应不接地。

电容器组接线方式选择，应根据电容器组容量和采用的保护方式综合考虑。常用电容器组接线和保护方式主要有4种：单星形接线采用开口三角电压保护；单星形接线采用相电压差动保护；双星形接线采用中性点不平衡电流保护；单星形接线采用桥式差电流保护。据浙江省电力试验研究院近期调查：10kV电容器组容量为7800kvar及以下，35kV电容器组容量为8400kvar及以下，采用单星形开口三角电压保护，分别占74.4%和43.9%；随着电容器组容量增大，采用这种接线方式的比例减少，尤其是35kV电容器组，容量在10Mvar～20Mvar时很少采用；35kV电容器组，容量为20Mvar及以下，采用单星形接线相电压差动保护的占57%，单组容量超过20Mvar者不采用；10kV电容器组，容量为8000kvar～10020kvar，采用双星形接线中性点不平衡电流保护较多，以前占总容量的24.7%，现在是43.2%；35kV电容器组，采用双星形接线中性点不平衡电流保护方式同样很多，但是，500kV变电站的大容量电容器组采用这种接线，由于保护灵敏度不够，安全性差，已有不少事故；以前，10kV和35kV电容器组，采用单星形接线桥式差电流保护的较少，绝大多数用在66kV电容器组，由于这种保护方式的灵敏度高，今后，将在35kV和66kV电容器组中大量采用。为了解决采用双星形接线中性点不平衡电流保护的灵敏度不够的问题，有少数500kV变电站的60Mvar电容器组，采用了在一套开关回路下将60Mvar电容器分成3个单星形接线的电容器组，每个组20Mvar，其目的是减少并联台数，提高安全性，其缺点是保护灵敏度并不理想，而且，使装置复杂化。在单星形、两星形、三星形接线中，由于采用的保护是按单星形设置，其实质仍是单星形，仅仅是接线方式上的新花样，并不是一种新的接线方式。单星形接线是电容器组的最基本的接线方式，其他接线方式都是由单星形演变来的。各种保护都有其自身的优缺点，选用时应根据工程条件，用其优点，避开缺点。

并联电容器组的每相或每个桥臂，由多台电容器串并联组合连接时，当采用先并后串，一台电容器出现击穿故障，故障电流由两部分组成：一部分来自系统的工频故障电流；另一部分来自健全电容器的放电电流，由于故障电流大，能使外熔丝迅速熔断，从而把故障电容器迅速切除，这时健全电容器电压将会升高，只要不超过允许值，电容器组可继续运行。而采用先串后并的电容器组，当一台电容器击穿时，因受到与之串联的健全电容器容抗的限制，故障电流比上述情况小，外熔丝不能迅速熔断，故障时间延长，与故障电容器串联的健全电容器，因长期过电压而可能损坏。在故障相同的情况下，先并后串接线方式，健全电容器上的电压升高较低，有利于安全运行。应当注意：当并联容量超过限值时，需要采取切断均压线的串并联分隔措施，这种方式保护整定计算不能采用常规公式，否则，将会造成保护整定值错误，留下事故隐患，因此，需根据具体情况进行公式推导。

限制电容器组的并联容量是抑制电容器故障爆破的重要措施。本条规定根据现行国家标准《标称电压 1kV 以上交流电力系统用并联电容器　第 3 部分：并联电容器和并联电容器组的保护》GB/Z 11024.3－2001 中第 5.3.1 条规定提出。其主要原因是当并联电容器容量增大时，一旦单台电容器出现短路故障，与之并联的电容器会通过此电容器放电，过大的放电能量会超出单台电容器耐爆能量极限值，此时会发生严重的爆炸事故，不仅会导致电容器损坏停运，甚至可能导致其他设备及人身伤害，因为本条第 3 款规定涉及设备安全运行，所以定为强制性条文。近年来，随着电力电容器设备生产能力的提高，虽然单台电容器外壳耐爆能力有所提升，但通过对大量设备生产厂家进行调研，目前虽有部分厂家尝试将单台电容器耐爆能量提高到 20kJ，但尚无成熟产品，因此，本次修订不改变对并联容量的规定，本条第 3 款为强制性条文，必须严格执行。

4.1.3　为使低压集中补偿尽量靠近负荷中心，低压电容器柜与低压配电盘应接于同一条母线，这样，既节约投资，又缩短无功输送距离，达到节能目的。国内外低压并联电容器组，主要采用三角形接线。根据低压并联电容器的结构性能和实际应用情况，低压并联电容器不同于高压并联电容器，出现事故的主要原因不是因为接线方式。因此，三角形接线和星形接线，对低压并联电容器组来说都是正常接线方式。

4.2 配套设备及其连接

4.2.1 本条规定主要提示并联电容器装置的配套设备及其连接方式的常规配置，应注意，并不是所有的并联电容器装置配置都一样，如：已有相当多的电容器组不装设外熔断器；有的电容器组不装设放电线圈等。配套设备的连接方式是由电容器组的接线方式和设备性能所决定，设计时应当注意。

本次修订主要是根据特高压110kV并联电容器投切开关选择的工程实际情况，将投切开关形式由断路器扩展到断路器或负荷开关。110kV并联电容器装置由于电压高、容量大，国内大部分厂家断路器都不能满足频繁投切要求，因此，提出可采用断路器或负荷开关作为投切设备。

4.2.2 本条是根据实践经验总结而制订的要求，因为，如果将分组回路的断路器装设在电容器组的中性点侧，发生故障时，虽然断路器已经开断，但故障并没有被切除，可能导致扩大性事故发生。断路器装设于中性点侧，主要有两个原因：一是断路器的开断电流不能满足装设于电源侧的需要；二是想选择价格便宜的真空断路器，满足电容器组需要频繁投切的需要。从目前设备生产情况来看，能够用于电容器组的断路器，无论是其开断电流或是频繁操作性能，完全可以满足装设于电源侧的要求，为了保证运行安全，不应将其装设于中性点侧。本次修订特别针对110kV并联电容器装置增加了选用断路器或负荷开关的规定，目前，具备110kV并联电容器装置投切断路器及负荷开关设备生产能力的厂家较少，因此，无论是断路器还是负荷开关设备投资均较高，但是随着各设备厂家技术水平的提升，两者的价格差异会逐渐体现，因此，本条文提出在110kV并联电容器装置设计过程中，应通过经济技术性比较来选择投切开关。

4.2.3 串联电抗器装设在电源侧，既有抑制谐波和合闸涌流的作用，又能在电抗器后短路时起限制短路电流的作用，装设在电源侧的电抗器应有耐受短路电流的能力(耐受峰值电流和耐受短时电流)。当串联电抗器耐受短路电流的能力不能满足装设在电源侧要求时，将其安装在中性点侧，则其不能限制短路电流。安装在中性点侧时，其在正常运行时承受的对地电压低，可不受短路电流的冲击，对耐受短路电流的能力要求低，减少了事故发生，使设备运行更加安全，可以采用价格较低的普通油浸式电抗器和干式铁心电抗器。串联电抗器装设在电源侧应采用干式空心电抗器或加强型油浸式电抗器，而且，需要核算其耐受短路电流的能力是否满足要求。特别注意，将串联电抗器装设在电源侧虽然具有限制短路电流的作用，但对电抗器的技术性能要求高，高强度的加强型油浸式电抗器也可能不满足要求。部分制造厂的产品样本把电抗器装设在电源侧，并未对电抗器的动热稳定能力作特别说明，选用厂家的成套装置时，需进行落实和验算核对，不能认为加强型产品都可以安装在电源侧。

4.2.4 本条规定强调如果电容器配置外熔断器保护，应采用电容器专用熔断器而不能采用其他产品替代。熔断器的配置方式，应为每台电容器配一个，以前曾有过用一个熔断器保护多台电容器的配置方式，这种方式难于达到保护电容器的目的，将留下事故隐患。原规范第4.2.4条规定："严禁多台电容器共用一个喷逐式熔断器"。由于这种方式很少出现，本次规范修订在要求不变的前提下对条文规定做了适当修改。

4.2.5 电容器有两极，一极接电源侧，另一极接中性点侧。外熔断器应该装在哪一侧，要具体分析。对单串联段的10kV电容器组，电容器的绝缘水平与电网一致，电容器安装时外壳直接接地，外熔断器应装在电源侧。作为电容器的极间保护，外熔断器装在电源侧或中性点侧，作用都一样。但是，当发生套管闪络和极对壳击穿时，故障电流只流经电源侧，中性点侧无故障电流，所以，安装在中性点侧的外熔断器对这类故障不起作用。另外，当中性点侧已发生一点接地（中性点连线较长的单星形或双星形电容器组均有此可能），若再发生电容器套管闪络或极对壳击穿事故，相当于两点接地，装设在中性点侧的外熔断器被短接而不起保护作用。据调查，为了安装接线方便，把 10kV 电容器组的外熔断器装在中性点侧的情况是有的，这种方式存在缺陷，不应采用。对于安装在绝缘框（台）架上的多串联段电容器组，当电容器为双排布置，如把外熔断器都装设在电源侧，对外熔断器的巡视和更换都不方便；如把外熔断器都装设在中性点侧，对特殊故障又不起保护作用。本条规定要求，既要考虑外熔断器的保护效果，又要考虑运行与检修方便。

4.2.6 本条是原规范第 4.2.6 条和第 4.2.7 条合并的条文。

电容器是储能元件，断电后两极之间的最高电压可达$\sqrt{2}U_N$（U_N为电容器额定电压均方根值），最大储能为 CU_N^2，电容器自身绝缘电阻高，不能自行放电至安全电压，需要装设放电器件进行放电。电容器放电有两种方式：在电容器内部装设放电电阻，与电容元件并联；在电容器外部装设放电线圈（原规范叫放电器），与电容器直接并联。放电电阻和放电线线圈，都能达到电容器放电目的，但放电电阻的放电速度较慢，电容器断开电源后，剩余电压在 5min 内才能由额定电压幅值降至 50V 以下；放电线圈放电速度快，电容器组断开电源后，剩余电压可在 5s 内降至 50V 以下。两种放电方式，二者必具其一，或者两种方式都具备。总之，在电容器脱离电源后，应迅速将剩余电压降低到安全值，从而避免合闸过电压，保障检修人员的安全和降低单相重击穿过电压。放电线圈是保障人身和设备安全必不可少的一种配套设备，经过多年的发展，各种电压等级的放电线圈已有系列产品，并且已经有了专业技术标准，工程设计时应根据需要选用。

以前，曾经在工程中使用过的放电设备有四种接线方式：V 形、星形、星形中性点接地和与电容器直接并联。其中，星形中性点接地是一种错误的接线方式，极少在工程中出现。东北电力试验研究院对不同接线方式放电设备的放电性能进行过研究，在同等条件下（电容器组为星形接线，容量相同）电容器组断电 1s 后，电容器上的剩余电压值如表 2 所示。

表 2　放电线圈不同接线方式时的剩余电压(V)

序号	接线方式	对地电压			极间电压			备注
1	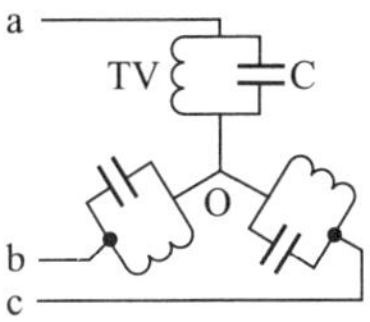	2014	2997	2728	559	404	155	—
2	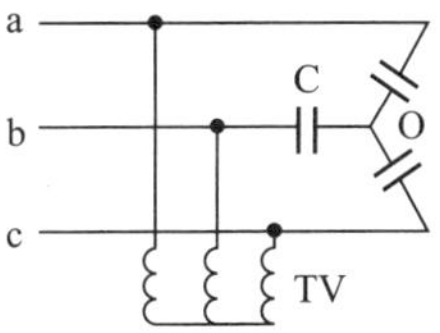	2014	2997	2728	559	404	155	—
3	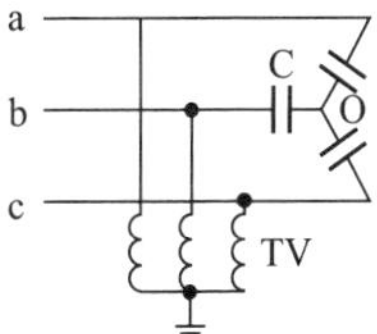	—	—	—	—	—	—	禁止使用
4	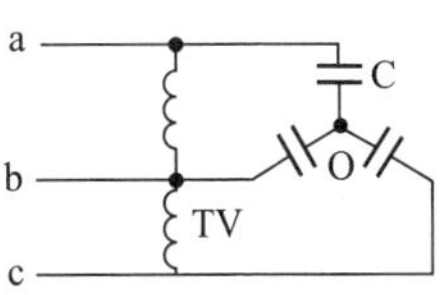	1116	2977	5857	3688	404	3284	—

注：C 代表电容器，TV 代表放电线圈。

从表2中可以看出，当放电线圈采用序号1和序号2两种接线方式时放电效果较好，虽然两种接线方式的剩余电压数值都一样，但两种接线方式有着实质性的差别：当这两种接线方式的二次线圈为开口三角形接线时，序号1的开口三角电压，能准确反映三相电容器的不平衡情况；序号2的开口三角电压反映的是三相母线电压不平衡，不能用于电容器组的不平衡保护。因此，当放电线圈配合继电保护使用时，应采用序号1接线。序号3接线方式，由于形成了L-C串联回路，在断路器分闸时，将产生过电压，可能导致断路器重击穿。东北地区某变电站的66kV电容器组，误采用了中性点接地的电压互感器作放电线圈使用，投产试验时，测到过电压。即使断路器没有发生重击穿，对地过电压也可达2.4倍，如发生重击穿，过电压倍数更高，这对电容器是非常危险的。产生这种过电压的原因是L-C串联回路产生的谐振，因此，序号3接线方式禁止采用。序号4接线方式，放电效果差，当产生放电回路断线时，将造成其中一相电容器不能放电，虽然这种接线只用两相设备，但安全性差，不宜采用。

根据上述分析可知，当放电线圈采用星形接线时，中性点不应接地，接地会产生极高的过电压，不仅可能导致电容器及放电线圈设备本体损坏，甚至可能导致断路器等设备损坏，造成极为严重的后果，因此，将此条第2款列为强制性条文，必须严格执行。

需要说明的是，放电回路必须为完整通路，不允许在放电回路中串接开关或外熔断器（单台电容器保护用外熔断器不在此例）。为了保证人身和设备安全，不能因某种原因使放电回路断开而终止放电，本条规定强调直接并联的含义就在于此。

4.2.7 放电器件往往不能将电容器的残留电荷放泄殆尽，为确保检修人员的人身安全，检修工作进行之前，还必须对电容器组进行接地放电。虽然停电时挂临时接地线也是放电方式之一，但操作过程麻烦，不能设置防止误操作的机械或电气连锁，安全性差，接地开关可装设电气连锁，所以本条推荐装设接地开关。

需要说明的是，星形接线电容器组长时间运行后，虽然有放电器件放电，但中性点仍会积存电荷，如仅在电源侧接地放电，中性点仍残存电荷不能放完，电位不为零，将对检修人员的人身安全构成威胁。某供电局曾发生一例这种事故：一个电容器组停电检修，检修人员在电容器组的电源侧挂了接地线，以为已经做好了安全措施，即开始进行检修工作，当检修人员的手臂碰到中性点导体时，发生了触电事故。为杜绝此类事故发生，检修工作进行之前，应在电容器的电源侧和中性点侧，同时进行短路接地放电。

需要注意，当电容器的外熔断器熔断，或电容器内部连线断线，这种情况的电容器脱离运行时，均可能带有残留电荷，为保证安全，在接触这些电容器之前，应进行对地短接放电。

4.2.8 本条首先强调高压并联电容器装置应设置操作过电压保护，因为电容器组投切时产生过电压是无法避免的，为了降低过电压幅值，保护回路设备的安全，应装设抑制操作过电压的避雷器。并对避雷器的接线做了3款规定：操作过电压来自电源侧的开关投切，所以规定避雷器的装设位置应在电容器组的电源侧；根据对并联电容器装置操作过电压的研究，通常性能好的断路器是极少发生重击穿，产生单相重击穿，出现的是对地过电压，装设相对地避雷器，即可抑制对地过电压。只有质量差的断路器才有可能出现两相重击穿，产生极间过电压。设备选择时要严格把好断路器质量关，不要把质量差的断路器用于电容器组回路，在这种情况下，并联电容器装置的操作过电压保护设置，只需针对对地过电压就行了。如果断路器质量较差，或者对断路器质量不放心，需要考虑出现两相重击穿的可能性，由于对电容器的极间过电压没有成熟的保护措施，要设置这种保护，应根据工程具体情况进行计算机模拟计算，按照计算结果分析确定。本规范考虑的是断路器仅仅发生单相重击穿，只需要设置电容器对地绝缘保护，在这种情况下，应装设的是相对地避雷器或中性点对地避雷器；有部分工程想解决电容器组的极间过电压保护，采用4台避雷器(3台星形连接，1台中性点对地）连接方式，但是，这种方式无论是避雷器的运行可靠性还是电容器的极对地保护水平都不可靠，又无电容器的极间保护功能，预期的目的并没有达到，而且，出现故障隐患，因此，不推荐采用这种方式。

4.2.9 为了使成套低压电容器柜满足安全运行要求，设备配套元件应齐全。本条规定为在通常情况下的元件配置，在一定条件下，有的元件可不装设，例如：电容器回路的投切器件或电容器本身，具备限制涌流的功能时，可以不装设限流线圈。有谐波超值保护时，可不装设过载保护器件。本条规定的目的是让电力用户在选择低压并联电容器装置时，核对产品的配套元件是否齐全，低压并联电容器装置元件配置见图4.2.9。

4.2.10 本条是对低压电容器组的放电器件连接方式的规定。

根据东北电力试验研究院对三角形接线电容器组的放电器件接线方式所做的测试研究，采用三角形接线和不接地星形接线放电效果好。基于对放电器件不同接线方式的测试研究，中性点接地将会引起谐振，低压电容器放电器件采用星形接线时，也不能中性点接地。虽然V形接线使用元件少，接线简单，但放电效果差和存在缺陷，特别是当放电回路断线则造成其中一相电容器不能放电，安全性差，故不宜采用。据了解，有少数低压电容器柜用户，为了节电在放电回路中串接开关辅助接点，电容器投入运行时，停止放电，电容器停电时才接通放电回路，由于这种方式电容器运行时没有信号监测，曾发生过接点烧坏事故，造成放电回路不通，留下事故隐患，因此，不能采用这种节电方式。

5 电器和导体选择

5.1 一般规定

5.1.1 本条所列8款要求是并联电容器装置设计在设备选型时应考虑的主要问题。并联电容器装置接入处的母线电压决定电容器的额定电压，电网运行工况则关系到装置中各设备的参数。如：电容器组投入容量与涌流倍数和谐波放大倍数均有关，涌流倍数和谐波放大倍数又与电抗率有关；电网谐波水平是决定串联电抗器参数和电容器分组容量的条件；母线短路电流和电容器组对短路电流的助增效应，是校验设备的动热稳定的条件，特别是选择断路器的重要条件；电容器组容量是选择单台电容器容量的依据之一；接线和保护存在互相配合的关系；电容器组投切方式不同对断路器性能的要求也不同，采用自动投切装置对电容器组进行频繁投切，要求断路器应具有频繁投切的功能，少油断路器（产品已经被淘汰，部分地区几年前就停用了）就不能满足要求，则需要选用真空开关，但真空开关分闸时存在一定的重击穿概率，又需要考虑用避雷器抑制操作过程中产生的过电压；环境条件是设备选择的重要依据，关系到电气设备外绝缘爬电距离、产品的类别，例如：耐低温产品、耐污秽产品、湿热带产品、高海拔产品等；屋内布置有防污染的效果，屋外布置则需要考虑环境的污秽等级；为了降低电容器安装框架高度可能需要采用卧式电容器；制造行业制订的产品标准，如：《高压并联电容器装置》JB/T 7111、《低压关联电容器装置》JB/T 7113、《集合式高压并联电容器》JB/T 7112和IEC标准《并联电容器》IEC 60871等。电力行业制订的设备选择标准，如：《高压并联电容器使用技术条件》DL/T 840、《高压并联电容器单台保护用熔断器订货技术条件》DL 442、《高压并联电容器用串联电抗器订货技术条件》DL 462、《高压并联电容器用放电线圈使用技术条件》DL/T 653 等也是设计的依据。如前所述，本条所列 8 款要求，在设备选型时均应给予全面考虑。

5.1.2 本条规定为高压并联电容器装置的电器和导体选择应满足的技术要求。为了保证安全运行，选用的电器和导体应满足运行电压、长期允许电流、短路时的动热稳定及操作过程的特殊要求，操作过程的特殊要求包括：合闸预击穿、合闸涌流、分闸可能产生的重击穿和由此而产生的过电压及其保护等。

根据为本规范所做的科研成果，电网中集中装设大容量的并联电容器组，将会改变装设点的网络性质，并联电容器组对安装点的短路电流起助增作用（见第 5.1.1 条第 4 款要求），并且，助增作用随着电容器组容量增大和电容器性能的改进（介损和有效电阻降低），以及开关动作速度加快而增大。在电容器组的总容量与安装点的母线短路容量之比不超过 5％（对应于 $K=5\%$）或 10％（对应于 $K=12\%$），在这种情况下的助增作用相对较小，可以不考虑。如果按本规范规定装设电容器组，其总容量一般不会超过安装点短路容量的 5％，是可以不计助增作用的。少数情况需要考虑助增作用时，可按照导体和电器选择设计标准中提供的方法计算，按常规方法计算的短路电流值要乘上助增校正系数（有效值校正系数，冲击值校正系数），即可得到考虑助增影响后的短路电流值。

5.1.3 本次修订删除了原规范中“过电流倍数应为回路额定电流的 1.30 倍”的说法，原因是与第 5.8.2 条重复。

5.1.4 并联电容器装置是变电站的一个重要组成部分，保证其安全运行对电网十分重要。因此，强调其外绝缘配合应不低于相同电压等级的其他电气设备。

5.1.5 本条规定是对并联电容器成套装置结构的要求，成套装置应有灵活的组装结构，运输时可化整为零，运到现场后又要容易组装成成套装置，并能保持其成套装置的性能，在结构上应达到方便运输、安装、检修和试验。

5.2 电 容 器

5.2.1 本条为电容器选型的技术原则规定，包括对电容器形式、适用的环境条件、特殊要求等提出了规定。

电容器的形式选择要体现技术先进、适合国情、符合产品标准等原则。至于选用常规单台电容器、集合式电容器或容量超过500kvar的大容量电容器，以及自愈式电容器组成电容器组，可根据工程具体条件进行技术经济比较确定，本条不做限制性规定。需要说明，这几种类型的产品各有优缺点，例如：单台电容器组合灵活，更换故障电容器方便，价格便宜，工程中采用最多的是这种形式，但特殊环境可能需要建电容器室采用屋内安装，单台电容器的维护工作量大；集合式电容器在屋外安装时占地较少，安装设计简单，施工方便，工期短，耐候性好、运行维护工作量少，价格较贵。为了保证运行可靠性及安全性，集合式电容器产品的场强取值较低，原材料消耗多，油箱内装有大量的绝缘油，经济性不如单台电容器，而且，一旦出现故障，整台停运，补偿容量损失大，在现场不能更换大箱体内的故障电容器，需返厂修理，引起的电容器组停运时间较长；自愈式电容器为干式无油，适合于要求设备无油化场所，这种产品价格较贵，电压和容量系列尚未形成，技术上仍处在发展完善阶段；充 SF_6 气体绝缘的集合式电容器与自愈式电容器都不是技术上成熟的产品，在电容器选型时应予以注意。

第2款是本次修订增加的新的条款，推荐了在特定条件下，可选用集合式并联电容器装置，且提出宜选用一体化集合式电容器装置，原因是近年来，随着框架式电容器装置技术的成熟，集合式电容器的市场占有率越来越小，但集合式电容器具有低位布置，占地较小、抗震能力强、接线简单、可靠性高、安全性好、运行维护量少等优势，且通过进一步将串联电抗器、放电线圈、集合式电容器在油箱内完成相互之间电气连接并集装成一个整体，减少或节省了原来电抗器、放电线圈需要额外占用布置面积及大量外部电气连线所需的导线材料和绝缘空间，其结构紧凑、体积小、少维护、高可靠、安全的优势更加明显。近年来，随着我国城镇化步伐加快，变电站建设时征地难的问题会越来越突出，集合式及一体化结构集合式电容器装置结构紧凑、抗震能力强的优势可能会重新体现出来。因此本次修订增加此条文用作电容器选型参考。

第 3 款是限制性规定，是环境条件对电容器选型的要求，是必要条件，应予以满足，达不到环境条件的要求将影响设备的安全运行。

第 4 款是特殊环境条件，应对电容器提出特殊要求的规定。

5.2.2 本条规定为电容器额定电压选择的主要原则。额定电压是电容器的重要参数，在并联电容器装置设计时，正确选择电容器的额定电压十分重要。众所周知，电容器的输出容量与其运行电压的平方成正比（即 $Q=\omega CU^2$），电容器运行在额定电压时，则输出额定容量，当运行电压低于额定电压时，则电容器的输出容量也就低于额定容量（俗称亏容）。因此，在选择电容器的额定电压时，如果安全裕度取值过大，则输出容量的亏损也大，所以应尽量使其接近额定电压。反之，如选择的电容器额定电压低于运行电压，将会造成电容器运行过载，如果长期过载运行，会使电容器内部介质产生局部放电，从而造成对电容器绝缘介质的损害。局部放电会使固体介质和液体介质分解，介质分解产生的臭氧和氮的氧化物等气体，将会使电容器的绝缘介质受到化学腐蚀，造成介质损耗增大，产生局部过热，进一步可能发展成绝缘击穿，使电容器损坏。由于电容器组长期过载而引发事故的例子，各地都出现过。因此，电容器过载运行是不安全的，为了确保安全，应避免电容器长期过载运行，所以，在选择电容器额定电压时要考虑电容器组投入运行后的预期母线运行电压。为了使电容器的额定电压选择合理，达到经济和安全运行的目的，在分析电容器预期的运行电压时，应考虑下面几种情况：

(1)并联电容器装置接入电网后引起的电网电压升高；

(2)谐波引起的电网电压升高；

(3)装设电抗器引起的电容器端子电压升高；

(4)相间和串联段间存在的容差，将形成电压分配不均，使部分电容器承受的电压升高；

(5)轻负荷引起的电网电压升高。

并联电容器装置投入电网后引起的母线电压升高值可按下式计算：

$$\Delta U = U_{so}\frac{Q}{S_d} \tag{1}$$

式中：ΔU——母线电压升高值(kV)；

U_{so}——并联电容器装置投入前的母线电压(kV)；

Q——母线上所有运行的电容器组容量(Mvar)；

S_d——母线三相短路容量(MV・A)。

选择电容器的额定电压可先由公式求出计算值，再从电容器的标准系列中选取，电容器额定电压的计算公式如下：

$$U_{CN} = \frac{1.05U_{SN}}{\sqrt{3}S(1-K)} \tag{2}$$

式中：U_{CN}——单台电容器的额定电压(kV)；

U_{SN}——电容器接入点电网标称电压(kV)；

S——电容器组每相的串联段数；

K——电抗率。

式2中系数1.05的取值依据是：电网最高运行电压一般不超过标称电压的1.07倍，最高为1.1倍，运行电压的平均值约为电网标称电压的1.05倍。将具体工程选取的电抗率K值和每相电容器的串联段数S值代入式2中，即可算出电容器的额定电压计算值，然后，从电容器额定电压的标准系列中，可选取接近计算值的额定电压。

本次修订删除了原规范中“电容器应能承受1.1倍长期工频

过电压”的说法，原因是此说法中“1.1倍长期工频过电压”的说法容易产生歧义，条款原意是指电容器安装点的工频过电压可能达到系统标称电压的1.1倍，电容器应能够承受这个电压，但是规程使用者容易理解成电容器应能承受最高工频过电压乘以1.1倍，这样，会大大增加电容器绝缘水平。由于第1款中已经说明电容器电压选择应按安装处过电压选择，因此，可删除1.1倍过电压的说法。

5.2.3 确定电气设备的绝缘水平是电气设计的最基本原则之一。电容器的绝缘水平选择应遵守这一通用原则，在国家现行标准中对各级电压的电气设备绝缘水平均有明确规定。电容器绝缘水平应根据串联段数和安装方式，提出不同要求：落地安装时应不低于同级电压电气设备的绝缘水平；安装于绝缘框(台)架上的电容器，应根据单台电容器额定电压和绝缘平台分层数综合考虑确定，例如：35kV电容器组，每相由4个串联段组成，单台电容器额定电压为5.5kV(对应于$K=5\%$)或6kV(对应于$K=12\%$)，绝缘平台分两层，单台电容器绝缘水平不应低于10kV级。

本次修订增加了不同电压等级电容器成套装置绝缘水平的要求，对于66kV及以下并联电容器装置，其绝缘水平与对应电压等级常规设备相同，但对于110kV并联电容器装置，其绝缘水平高于常规110kV设备，因此此处引用了现行行业标准《1000kV变电站110kV并联电容器装置技术规范》DL/T 1182中的条款，对装置整体绝缘水平进行了规定。

5.2.4 本条为单台电容器容量选择规定，并联电容器组的单台电容器容量选择，首先考虑的是电容器组容量，随着电容器组容量的增大，为了减少台数，单台电容器也要相应选择较大的容量，如：5Mvar以下的小容量电容器组，单台电容器容量宜选50kvar或100kvar；10Mvar～20Mvar容量电容器组，单台电容器容量宜选用200kvar、334kvar；20Mvar～60Mvar或更大容量的电容器组，单台电容器容量宜选334kvar或500kvar及以上的单台电容器。

对于中小容量的电容器组，宜选择标准产品，在电容器额定容量优先值中选择，电容器额定容量优先值为：50kvar、100kvar、200kvar、334kvar、500kvar，无特殊情况，不宜采用非标准产品。500kvar以上的大容量电容器，尚未制订优先值系列，通常是制造厂根据大容量电容器组容量配置需要定制的。

为了运行安全，每相各串联段的并联电容器台数，不应超过最大并联容量(根据所选用的单台容量即可计算出并联台数)，否则，某一台电容器发生贯穿性击穿事故，注入故障电容器的能量，将超过其外壳耐爆能量，从而会发生电容器外壳爆裂事故，甚至是事故扩大。最大并联容量3900kvar的限定值，来自现行国家标准《标称电压1kV以上交流电力系统用并联电容器　第3部分：并联电容器和并联电容器组的保护》GB/Z 11024.3—2001中第5.3.1条的规定，能量限值条件是按电容器电压为额定电压峰值的1.1倍和耐爆能量为15kJ计算得出的，当预计工频过电压较高时，并联容量应相应降低。

5.2.5 用户的低压无功补偿选用的低压并联电容器装置，都是低压并联电容器装置，低压电容器柜由生产厂家在工厂生产，厂家根据不同的环境条件和不同的技术要求，有不同形式的产品供货。电容器柜中装设的电容器是金属化膜自愈式电容器。截至目前，电容器行业产品统计中，已经没有油浸箔式低压电容器产品的产量，也就是说，油浸箔式电容器已被淘汰。低压电容器就只有一种产品，设备厂家根据环境条件和技术要求，采用不同容量的金属化膜自愈式电容器，组装成不同容量的成套柜供用户选择。自愈式电容器具有诸多优点，如：故障击穿时故障电流使金属层蒸发，介质迅速恢复绝缘性能，即所谓自愈性；它体积小、重量轻、损耗小、温升低；这种产品可以做到无油不燃，避免火灾危险。金属化膜自愈式电容器内部配有保护装置，当内部元件永久性击穿时可以自动断路。等效采用IEC标准的我国国家标准已经颁布执行。

5.3 投切开关

5.3.1 本条提出了断路器选型要求，这是根据实践经验和当前情况提出的，随着设备制造的发展，过去使用较多的少油断路器已经逐步被替代，所以，本规范规定并联电容器装置应选用真空断路器或 SF_6 断路器，不再对少油断路器的技术要求作规定。用于并联电容器装置断路器技术性能，除了应符合一般断路器共用技术条款的要求外，并应满足电容器回路的特殊要求：

1 并联电容器装置要随无功功率需求和电压调节的要求进行投切，所以，每天断路器的投切次数多，动作频繁，满足频繁投切的需要，是对断路器的一个特殊要求。

2 并联电容器装置回路具有独特的电路特性，断路器在合分过程中产生的弹跳和分闸重击穿都将导致产生过电压，过电压是造成电容器故障的重要原因，所以选择断路器必须慎重。根据实践经验总结和相关规定对开关弹跳提出的限定值为：合闸弹跳时间应小于 2ms；分闸弹跳距离应小于开关断口间距的 20%；投切开关开合容性电流时，是否发生重燃现象，决定了投切过程中产生的过电压水平及投切开关的寿命，选择性能良好的投切开关，能够大大减少投切过程中重燃的概率，是并联电容器装置可靠运行的重要保障。《高压交流断路器》GB/T 1984—2014 中对断路器开合容性电流能力进行了规定，其中 C2 级断路器相对常规断路器而言，在验证容性电流开断过程的型式试验中具有非常低的重击穿概率，基于对高压电容器装置运行可靠性的考虑，目前实际工程中也均明确要求电容器装置投切断路器应选用 C2 断路器，因此，本次修订增加此规定。

3 承受关合涌流，以及工频短路电流和电容器高频涌流的联合作用，是电容器组回路断路器的特殊运行工况，断路器应具备这种特殊性能。一般来说，对于真空断路器，尚应在投运前对其进行高压大电流老炼处理。

5.3.2 本条为并联电容器装置总回路断路器选择的一个重要原则，当分组回路发生短路而断路器拒动或母线短路时，总回路断路器应承担切除母线上全部运行的电容器组并开断短路。对分组回路断路器，可以要求其有开断短路电流的能力；亦可不承担开断短路电流，只要求其具有投切电容器组的能力，以便采用价格便宜和投切性能更好的开关设备，如真空开关或 SF_6 断路器。总回路和分回路断路器各司其职的配置方式，可降低工程造价，但现在采用配置比较少了，本条规定保留这种方式，作为一种选择。需要说明，采用串联电抗器后短路作为分回路断路器选择条件，可以选用技术经济性能均佳的产品，其措施为：断路器（经电流互感器）至串联电抗器之间的连线加大相间距离，并采用绝缘包封，这种方式已在华东地区采用。

5.3.3 成套低压电容器柜的重要配套元件是投切开关，其质量的好坏将直接影响低压无功补偿的安全运行。当采用普通开关时，其接通和分断能力及短路强度等参数十分重要，影响运行安全和使用寿命，选择低压电容器柜时，应校核其是否满足设备装设地点的短路电流水平要求。质量差的开关在切除电容器时容易发生重击穿，并将产生操作过电压，危害电容器的安全运行，这种产品不得选用。为了随负荷大小增减无功补偿容量，低压电容器采用自动投切，投切次数比较频繁，投切开关必须经久耐用。随着产品升级换代，现在单纯使用接触器用于投切低压电容器的方式已经很少，采用性能优良的智能复合开关已与日俱增，本条规定推荐采用智能复合开关产品。可控硅与接触器配合的智能复合开关必将成主流产品，它能够达到运行安全，长寿命的使用要求。如：FK 系列智能复合开关，它选用晶闸管开关和磁保持或接触器开关并联运行，在接通和断开的瞬间具有可控硅过零投切的优点，而在正常接通期间又具有磁保持开关零功耗的优点；FK 系列复合开关还具有：无冲击（过零投入，过零切断）、开关接通后低功耗、不用外加散热片、无须外接串联电抗器、输入信号与开关光电隔离、寿命长等显著优点，可替代接触器或晶闸管开关，广泛用于低压无功补偿领域。

5.4 熔　断　器

5.4.1 当电容器采用外熔断器保护时，因为，这种电容器专用熔断器，额定电流 50A 以下，已经有了成熟的系列产品，但 50A 以上还存在问题，尚不能全部通过试验项目，因此，选用时应慎重。本条明确规定单台电容器保护用外熔断器应采用专用熔断器，今后，不得再采用其他非电容器专用的产品替代，配套设备选择时应遵循这条规定。

5.4.2 本条为外熔断器熔丝额定电流选择规定。

本规范要与相关的国家现行标准协调一致，电力行业标准《高压并联电容器单台保护用熔断器订货技术条件》DL 442 已经进行了修订，熔断器的熔丝额定电流选择已修改，本条中电容器额定电流 1.37 倍～1.50 倍的规定，就是该标准的修订值。

5.4.3 本条为外熔断器选择的基本要求，是原规范第 5.4.2 条与第 5.4.4 条的合并条文。由于电容器专用熔断器已有产品标准《高压并联电容器单台保护用熔断器订货技术条件》DL 442，标准中对产品的技术参数和性能，如：额定电压、耐受电压、开断性能、熔断性能、耐爆能量、抗涌流能力、机械性能和电气寿命等，都有明确的规定，当电容器需要配置外部熔断器，在选择产品时应遵循。

对熔断器的性能要求可以归纳为以下几点：

(1)电容器在允许的过电流情况下，熔断器不应动作，而且保护性能不应改变。

(2)电容器内部元件发生击穿短路，当击穿元件达到一定数量时，过电流大于 1.1 倍熔丝额定电流时，熔丝应动作将故障电容器切除。外熔丝的小容性电流开断特性要求：过电流达到 1.5 熔丝额定电流时，小于 75s 开断；达到 2.0 倍熔丝额定电流时，小于 7.5s 开断。使电容器内部故障尚未发展到贯穿性短路之前被切除。

(3)外熔断器在开断电容器贯穿性短路时，应能耐受来自自身和相邻并联电容器的高频高幅值放电电流(耐爆能量)，开断后应能耐受加于其上的最高电压，断口间不得出现重击穿。

(4)熔丝特性的分散性应在允许范围之内，不能太大，运行中既不能产生误动作，也不能出现“拒动”现象。

综合上述，外熔丝的保护性能：小容性电流开断、耐爆能量、大容性电流开断，以及动作电流与动作时间的反时限特性，使其能达到在电容器发生击穿短路时迅速被切除，这是外熔断器的优点，当然，前提是外熔丝性能稳定可靠与合理配置正确使用。不能满足上述几点要求的熔断器不能选用，被选用的熔断器应由制造厂提供近期的试验报告供核查。

5.5 串联电抗器

5.5.1 本条规定为串联电抗器选型原则。目前，电抗器产品有干式和油浸式两大类，其中干式电抗器包括：干式空心电抗器、干式半心电抗器和干式铁心电抗器。这两大类电抗器各自具有不同特点：干式空心电抗器的优点是无油、噪声小、磁化特性好、机械强度高，适合室外安装；干式半心电抗器和干式铁心电抗器具有无油、体积小、漏磁弱的特点，干式铁心电抗器可做成三相式产品、安装简单、占地少，这两种产品安装在屋内，其防电磁感应效果优于干式空心电抗器。油浸式铁心电抗器损耗小、价格便宜、通常为三相共体式结构，并具有体积小、安装简单、占地少的优点，屋内外安装均可，缺点是要考虑其防火要求。

对安装在屋内的电气一次设备通常有两点要求：无油化；对电气二次弱电设备影响小。针对这两点要求，要达到无油化就要采用干式电抗器；对电气二次弱电设备影响小，就是要求电抗器本体周围漏磁弱，这样只有半心式电抗器或干式铁心电抗器满足要求。

针对以上情况，电抗器选型时，各工程要根据工程条件和对设备的不同要求，进行技术经济比较来确定。

5.5.2 串联电抗器的主要作用是抑制谐波和限制涌流，电抗率是串联电抗器的重要参数，电抗率的大小直接关系到电抗器的作用，电抗率选择就是要根据它的作用来确定。电抗率与多种因素有关，其中电网谐波对其取值影响较大，应根据电网参数进行相关谐波计算分析确定，本条提出的电抗率适用范围仍是原则性规定，现简要说明如下：

1 当电网中谐波含量甚少，可不考虑时，装设电抗器的目的仅为限制电容器组追加投入时的涌流，电抗率可选得比较小，一般为0.1%～1%，在计及回路连接线的电感（可按1μH/m考虑）影响后，可将合闸涌流限制到允许范围，在电抗率选取时，可根据回路连接线的长短一并考虑来确定按上限或下限取值。

2 当电网中的谐波不可忽视时，应考虑利用电抗器来抑制谐波。为了确定电抗率，应查明电网中背景谐波含量，以便按不同情况采用不同的电抗率。为了抑制谐波放大，电抗率配置原则是：使电容器组接入处的综合谐波阻抗呈感性。

根据电网背景谐波，原规范认为，电抗率配置范围如下：

(1)当电网背景谐波为5次及以上时，电抗率配置可按4.5%～5%。根据中国电力科学研究院对谐波的研究报告，当电抗率采用6%时，其对3次谐波放大作用比5%大，为了抑制5次及以上谐波，同时又要兼顾减少对3次谐波的放大，电科院研究报告建议电抗率选用4.5%～5%。同时，6%与5%的电抗器相比：容量大、自身消耗的无功多、价格贵、经济性差。

(2)当电网背景谐波为3次及以上时，电抗率配置有两种方案：全部电容器组的电抗率都按12%配置；或采用4.5%～5%与12%两种电抗率进行组合。采用两种电抗率的条件是电容器组数较多，其目的是节省投资和减少电抗器自身消耗的容性无功（相对于全部采用12%的电抗器）。

根据近年来我国电网实际情况，串联电抗器电抗率基本只有两种，即5%和12%，因此，本次修订仅推荐这两种电抗率。

应当说明，在一个变电站中，原则上可按上述方案进行电抗率配置。但是，对一个局部电网进行谐波控制时，要在技术经济上对电抗率进行优化配置，却是一个复杂的系统工程，要根据当地的实际情况，采用计算机模拟计算，以便得到最佳配置方案。为了检测电抗率配置效果，每个工程在投产前，均应进行谐波测试，通过测试数据来了解谐波放大状况，并对电抗率配置提出评价和改进措施。

5.5.3 单组电容器投入，通常合闸涌流不大，在电容器组接入处的母线短路容量不超过电容器组容量的80倍时，单组电容器的合闸涌流将不超过10倍电容器组额定电流。电容器组追加投入时的涌流倍数较大，而且组数愈多，涌流愈大，投入最后一组电容器时涌流达到最大。高频率高幅值涌流对开关触头和回路设备的绝缘将会造成损坏。根据国内多年的运行经验，确定了涌流的限值倍数，因为，20倍涌流未见对回路设备造成损坏，所以，规定20倍涌流作为限值。本规范附录A提供了涌流计算公式，实际上，只要装设有抑制谐波的串联电抗器，合闸涌流均不会超过电容器组额定电流的20倍。

5.5.4 串联电抗器的额定电压应与接入处的电网标称电压相配合。应注意：串联电抗器的额定电压与其额定端电压是两个不同的参数，额定电压是指串联电抗器适用的电压等级，而额定端电压是指串联电抗器一相绕组两端，设计时采用的工频电压方均根值，它与电抗率大小有关。

串联电抗器的安装方式与其绝缘水平有关，并以绝缘水平决定安装方式，当串联电抗器的绝缘水平低于电网的绝缘水平时，应将其安装在与电网绝缘水平一致的绝缘平台或绝缘支架上；当串联电抗器绝缘水平不低于电网绝缘水平时，可将其安装在地面基础上。例如：35kV电抗器，当其对地绝缘水平值，工频1min耐压为85V(方均根值)，雷电冲击耐压为200kV(峰值)，可将其安装在地面基础上；当其对地绝缘水平值，工频1min耐压为35V(方均根值)，雷电冲击耐压134kV(峰值)，这种电抗器不能安装在地面基础上，只能安装在35kV绝缘平台上。

5.5.5 串联电抗器与电容器组是串联连接，流过串联电抗器与电容器组的电流值是一样大小，电容器组会出现工频过电流，这是正常工况，这种工况将加重电抗器运行时的负担，以往曾出现过电容器组在过电流时，引起串联电抗器过热事故。为了确保串联电抗器的运行安全，其过电流能力不能低于电容器组的过电流值，并应将其作为对串联电抗器的重要技术参数。

5.5.6 总回路装设的限流电抗器实际上加大了回路电感，当分组回路的电感较大时，总回路限流电抗器电感，对分回路影响相对较小，甚至可以忽略，当分组回路装设的是小电抗器或不装电抗器时，则需考虑限流电感的影响，忽略它可能会造成较大的误差，从而使分组回路的电抗率失准。同时，限流电抗器将引起母线电压升高，可根据其电感参数计算电压升高值。

5.6 放电线圈

5.6.1 放电器件包括装设在电容器外部的放电线圈和装设在电容器内部的放电电阻。本条为放电线圈的选型规定，经多年的设备制造发展和运行实践检验，放电线圈已经形成定型产品，采用电压互感器作为电容器组放电器的情况已不存在。放电线圈产品有油浸式和干式两种，油浸式放电线圈的早期产品，不是全密封型，运行时容易吸潮进水，在全国各地已经多次发生事故。而在其后研制的全密封型放电线圈和干式放电线圈没有吸潮进水问题，事故较少。为保证全密封放电线圈的安全运行，产品结构应保证其内部压力在恰当范围内，使其在最低环境温度时，不应出现负压，在最高环境温度时，内部压力不应大于0.1MPa，上述要求是根据实践经验提出来的。

5.6.2 放电线圈与电容器组是并联连接，二者承受相同的工作电压和同样的运行工况，所以，放电线圈的额定电压应与其并联的电容器组的额定电压一致。

5.6.3 本条是对放电线圈绝缘水平的要求，放电线圈的绝缘水平与安装方式有关，安装方式有两种：在地面基础上落地安装和在绝缘台架上安装。无论采用哪种方式安装，放电线圈的绝缘水平均应与其并联的电容器组的绝缘水平相一致。一般来说，在绝缘台架上安装时，放电线圈的额定电压低、绝缘水平也低，因此，设备价格便宜，同时安装占地面积小。例如：35kV 电容器组采用 10kV 电压等级的放电线圈，与 10kV 电容器组（串联段）并联，安装在电容器组的绝缘台架上，比采用 35kV 电压等级的放电线圈，在地面基础上安装，既价格便宜又少占地，但是，二次线圈如果要引出作继电保护用，就需要采用落地安装方式，因为，绝缘台架上安装的放电线圈，二次线圈是无法引出绝缘台架的，这需要设计时考虑。

5.6.4 本条是对放电线圈容量和放电性能的要求。

放电线圈的放电容量（最大配套电容器容量），是其重要技术参数，无论放电线圈采用哪种接线方式，其放电容量应不小于与其并联的电容器容量。

本条对放电线圈的放电时间和剩余电压的要求，是从满足电容器组自动投切提出来的，自动投切时间间隔短，需要快速放电；手动投切的电容器组，投切时间间隔长，电容器放电时间可以加长，因此，放电线圈用于手动投切的电容器组，完全可以满足要求，再者，放电时间的长短对放电线圈产品的价格影响不大，也就没有必要生产两种形式的放电线圈，满足两种投切方式对放电时间的不同要求，所以，放电线圈的放电时间和剩余电压参数，首先要满足自动投切要求，手动投切自然满足要求。

5.6.5 单星形电容器组采用开口三角电压保护或相电压差动保护时，需要采用带有二次线圈的放电线圈，二次线圈的性能参数：二次负荷、额定输出、电压误差、准确级，均需满足二次线保护和测量的要求,设备订货时应向制造厂提出。

5.6.6 本条为对低压并联电容器装置的放电器件要求,其放电时间和剩余电压要求与现行国家标准《电力电容器　低压功率因数补偿装置》GB/T 22582 规定协调一致。

5.7 避　雷　器

5.7.1 本条为电容器组操作过电压保护用避雷器的选型规定。无间隙金属氧化物避雷器性能优良,这种避雷器在国内外各级电压的过电压保护中获得了广泛的应用,在我国,限制电容器组操作过电压也是用这种避雷器。由于带间隙的金属氧化物避雷器间隙放电时,产生过冲击电压,这种过冲电压足以构成对电容器绝缘的威胁甚至造成损坏,电力行业的反事故措施中已明文规定,禁止在电容器组中使用带间隙的金属氧化物避雷器产品,为保证安全,特制订本条规定。

5.7.2 限制电容器组操作过电压的避雷器参数选择(持续运行电压、额定电压、直流 1mA 电压、方波通流容量),与避雷器的接线方式(相对地、中性点对地)和电容器组的电抗率、电容器组容量有关,若要获得准确数据,可以根据这些已知条件由计算机计算确定,再在已有的产品中选择符合计算值要求的避雷器。操作过电压保护用避雷器的主要参数是方波通流容量,可以按电容器组容量估算:装设于相地之间的避雷器,24Mvar 及以下,2ms 方波电流应不小于 500A。容量大于 20Mvar 的电容器组,容量每增加 20Mvar,按方波电流增加值不小于 400A 进行估算。

5.8 导体及其他

5.8.1 本条规定有两个要求:一是对导线型式的要求,为了避免电容器套管受力,不允许用硬导线连接,应选择软导线;二是对导体载流量要求,即截面要求,1.5 倍额定电流是根据电容器允许的稳态过电流值规定的。电容器稳态过电流是由多种因素造成的:

稳态过电压、谐波、电容器的容量正偏差，考虑这些因素电容器的稳态过电流为 1.37I_n（I_n 为单台电容器额定电流）。单台电容器至外熔断器或母线的连接导线的截面较小，为增加可靠性适当加大导线截面，并与相关行业标准取一致，故规定按不小于 1.5 倍单台电容器额定电流来选择导线截面。户外布置电容器端子应带绝缘帽应根据用户要求及使用条件确定。

5.8.2 本条是对电容器组回路导体、汇流母线和均压线导体截面选择的规定。因为，汇流母线和均压线中通过的电流，不会超过分组回路的最大工作电流，为保证安全，按回路最大工作电流选择导线，同时，也可减少导线规格，方便于设备安装。

回路工作电流取 1.3 倍额定电流的依据是：电容器组的容量偏差不超过＋5％（以前容量偏差按＋10％）、电容器长期过电压不超过额定电压的 1.1 倍、在谐波和过电压的共同作用下，电容器组的稳态过电流值按 1.3 倍电容器组额定电流考虑。如果并联电容器装置装设有串联电抗器，正常工况的回路工作电流将小于电容器组的额定电流计算值，而且，电容器厂从自身利益考虑，电容器组的容量正偏差有逐渐缩小的趋势，就是＋5％也很难达到，所以，在谐波和过电压的共同作用下，回路电流一般不会超过 1.3 倍电容器组额定电流。否则，可设置过负荷保护动作跳闸，因此，取1.3 倍电容器组额定电流作为选择回路电气设备和导体的条件是安全的，也是合理的。

5.8.3 正常情况下，单星形桥形接线电容器组的桥连接线和双星形电容器组的中性点连接线，通过的为不平衡电流，该电流是由电容器组的容差造成的，数值很小。当故障电容器被外部熔断器切除后，容差增大，不平衡电流增加，按最严重情况考虑，最大稳态不平衡电流将不超过电容器组的额定电流，本条对上述连接线导体截面的选择规定，可满足安全要求。

5.8.4 对导体动热稳定的要求是保证安全运行的必要条件之一，按照允许电流选择的导体，虽然已经满足了回路载流要求，但对一些小截面导体来说，可能没有满足动热稳定要求，动热稳定就成了限制性条件，在短路状态可能损坏。总之，在导体选择时，正常运行时的允许电流和事故状态下的动热稳定电流，是同时应满足的两个条件。

5.8.5 支柱绝缘子选择和校验的技术条件是：电压等级、泄漏距离、机械强度，本条予以强调。多层布置的电容器组绝缘框架，为加强底层支柱绝缘子的强度，可采用增加支柱绝缘子数量或者采用高一级电压等级的产品，这是常用的两种方式。

5.8.6 本条为原规范第 5.8.6 条与第 5.8.7 条的合并条文，原规范对不平衡保护用电流互感器和电压互感器分别制定了一条规定。本条规定针对单星形接线采用不平衡电压保护和双星形接线采用不平衡电流保护的电容器组，选择电压互感器和电流互感器提出的要求。这些要求是根据现行国家标准《标称电压 1kV 以上交流电力系统用并联电容器　第 3 部分：并联电容器和并联电容器组的保护》GB/Z 11024.3—2001 的规定并参照《并联电容器和并联电容器组的保护导则》IEC 60871－3 中的要求并结合工程实践提出的。在双星形接线采用中性点不平衡电流保护中，电流互感器的准确等级可选 10P 级。为了使电流互感器不致因匝间短路电流和高频涌放电流冲击而开裂损坏，IEC 标准要求在电流互感器的一次侧装设间隙或避雷器。我国采取以下措施：在电流互感器的一次和二次侧同时装设低压避雷器、只在一次侧装设低压避雷器、采用加强电流互感器的匝间绝缘来提高抗冲击能力、在满足继电保护灵敏度的前提下加大电流互感器的变比等，这些都是有效措施。

对于单星形接线采用开口三角电压保护或单星形接线采用相电压差动保护，工程中通常采用放电线圈二次侧抽取电压用于不平衡保护，用于电压差动保护的专用放电线圈一次侧有中间抽头，用三个套管引出，与电容器组的两个串联段对应连接，有两个二次电压线圈，可检测差电压，二次线圈的准确等级可用 0.5 级，这种产品在工程中已经应用很普遍。

无论是选择电流互感器或电压互感器,对使用来说最主要的要求有两点:满足保护灵敏度要求,故障状态不损坏。

6　保护装置和投切装置

6.1　保护装置

6.1.1　并联电容器装置的单台电容器内部故障保护，通常有以下3种方式：内熔丝加继电保护、外熔断器加继电保护和无熔丝仅有继电保护。外熔断器加继电保护方式，在国内大部分地区的中小容量电容器组上采用；内熔丝加继电保护方式，前几年主要是进口电容器和集合式并联电容器采用，近期，我国发展起来的大容量单台电容器装设有内熔丝，也采用这种保护；电容器内部没有熔丝保护，又不装设外熔断器仅采用继电保护，这种方式也比较少。需要说明，还有一种双重熔丝保护：内熔丝电容器又装设单台电容器外部熔断器，仅仅少数工程采用这种方式。在"内熔丝＋继电保护＋外熔断器"方式中的外熔断器仅作为短路保护，采用外熔断器是为了克服内熔丝的保护死区，即：电容器内部引线之间短路和电容器套管闪络击穿，以及作为电容器内部元件串联段发生击穿短路(内熔丝保护失效)的后备保护。鉴于这种保护在电容器内部元件发生故障时是由内熔丝来切除的，随着元件被切除增多电容减少，故障电容器工作电流反而减小，因此，在内熔丝发挥有效保护作用的过程中，外熔断器不起作用。在这种情况下，外熔断器的开断小容性电流的性能和功能不起作用，只有在内熔丝失效，电容器故障发展成贯穿性短路时，外熔断器才起作用，开断来自相邻电容器的放电电流或开断工频容性大电流，从而迅速切除故障电容器，在双重熔丝保护中外熔断器仅作为内熔丝的后备保护，要求它具备耐爆能量和开断容性大电流性能，宜选用限流式熔断器，但实际情况是，外熔断器仍然采用喷逐式(喷射式)，它开断大故障电流性能不理想，保护效果不佳。由于双重熔丝保护不能取得令人满意的效果，也不是电容器保护标准上推荐的方式，本规范取消这种方式。

本条规定的含义在于：为了电容器的安全运行，单台电容器内部故障保护不能缺少，但装设哪种方式（内熔丝、外熔断器或继电保护），取决于两点，一是电容器本体情况：是否具备装设内熔丝条件；无内熔丝电容器是否能选择得到合格的外熔断器（额定电流超过 50A 无试验合格的熔断器产品供选择）；二是本地区的实践经验。本条修订条文特别提出了应在满足并联电容器组安全运行的前提下，根据当地实践经验选择保护方式的要求。本条不做限制性规定，留有选择的余地。

6.1.2 电容器发生故障以后，其电容量发生变化，将引起电容器组内部相关的两部分之间的电容量不平衡，利用这种特性可以构成各种保护方式。本条第 1 款～第 4 款所列的 4 种保护方式是最常用的。其基本原理是利用电容器组内部相关的两部分之间电容量之差，形成的电流差或电压差构成的保护，故称为不平衡保护（不平衡电流保护或不平衡电压保护）。单台电容器内部故障保护可以选择内熔丝、外部熔断器或继电保护。为防止电容器组内部故障（某一台或几台电容器故障），必须装设不平衡保护。不同电压与不同容量的电容器组有不同的接线方式，不同接线方式又有不同的不平衡保护方式供选择，无论哪一种电容器组都必须配备一种不平衡保护，这是电容器保护的重要原则，必须遵循。本次修订增加了对于 110kV 及以上电压等级并联电容器装置应使用双桥差保护，原因是随着容量的增加，一组并联电容器所含电容器台数更多，如 66kV 电压等级并联电容器装置容量一般不超过 120Mvar，但 110kV 电压等级并联电容器装置容量达到 240Mvar，对 110kV 并联电容器装置若仍采用单桥差保护，其灵敏度虽仍能满足要求，但较 66kV 及以下并联电容器装置保护灵敏度已大大降低，根据目前 1000kV 特高压变电站工程经验，110kV 电压等级并联电容器装置采用双桥差保护更加合理。

电容器发生故障，最显著的特征是引起电容器电压升高，一旦电压升高超过允许值，保护必须动作。电容器的 IEC 标准和我国国家标准，均规定了电容器长期运行的工频过电压倍数，据此，形成了各种不平衡保护动作条件（不平衡电流保护其实质仍然是电容器过电压）。各种保护方式的采用情况大致是：单台电容器内熔丝与继电保护配合，现在已是常用保护方式；外熔断器与继电保护配合的保护方式将会逐渐减少；无熔丝电容器组采用不平衡保护作为单台电容器和电容器组内部故障保护，这种方式在工程中采用较少。工程中常用的不平衡保护有以下 4 种：

（1）开口三角电压保护（三相电压不平衡保护）：将放电线圈的一次侧与单星形接线的每相电容器并联，放电线圈的二次线圈接成开口三角形，在三角形连接的开口处接一个低整定值的电压继电器，这样就构成了开口三角电压保护。这种保护方式的优点是：不受系统接地故障和系统电压不平衡的影响、不受三次谐波的影响、灵敏度高、使用的设备数量少、安装简单，是国内中小容量电容器组（20Mvar 及以下）常用的一种保护方式，10kV 电压等级中应用最多。应当注意：当这种保护用于多段串联的电容器组时，由于放电线圈的电压变比大，保护动作信号小，保护整定值难以与电容器内熔丝配合；放电线圈三相性能差异和电源三相不平衡都会产生起始不平衡电压，将影响保护灵敏度。

（2）电压差动保护：必须具备的条件是电容器组每相要有两个及以上的串联段组成，两个串联段的电压值相等（也可以不相等，而且，采用不相等配置方式可以提高保护灵敏度，在集合式电容器上早就这么用了），放电线圈的两个一次线圈电压应与串联段的电容器端电压相配合，放电线圈的一次线圈与电容器并联连接，放电线圈的两个二次线圈，按差电压接线并连接到电压继电器上，即构成了电压差动保护。这种保护方式的优点是：不受系统接地故障和系统电压不平衡的影响、动作比较灵敏、根据动作指示可以判断出故障相别。这种保护方式的缺点是：使用的设备比较复杂、特殊情况需要增加设置电压放大回路、对称故障时，保护不会动作。这种保护 10kV 电压等级较少采用，主要用于 35kV 电压等级，容量不超过 20Mvar。应当注意：这种保护的灵敏度也要受放电线圈性能的影响；当电容器组的串联段增多时，保护灵敏度显著降低，使适用范围受到限制。

(3)桥式差电流保护：当电容器组的串联段数为双数并可分成两个支路从而形成桥接线时，在桥路上接一台电流互感器，即构成桥式差电流保护。这种保护最先是在东北地区的 66kV 电容器组上采用，现在，大容量 35kV 电容器组也开始采用。其优点是：由于保护是分相设置的，根据动作指示可以判断出故障相别；不受外界因素影响；保护灵敏度高。缺点是发生对称故障时，保护不动作。需要注意：为了耐受故障状态时的涌放电流，不平衡保护用电流互感器需选择加强绝缘型或在满足保护灵敏度的前提下提高变比，但也有大容量的内熔丝电容器组，为了保证安全选择特殊变比的电流互感器，变比有：5/1A 或 3/1A 甚至 1/1A。

(4)双星形中性点不平衡电流保护：将一组电容器分成两个星形电容器组，其容量相等(也可以不相等，原理可行，也有保护整定计算公式，就是在实际工程中少有应用)，在两个星形接线的中性点间装设小变比的电流互感器，即构成了双星形中性点不平衡电流保护。这种保护在 10kV 和 35kV 两种电压等级都有应用，并有成功的经验。保护的优点是：若三相与两臂电容量均衡，则保护不受外界影响、保护灵敏度高；其缺点为：电容器组安装时调平衡较麻烦；对称故障时保护不动作。应当注意：容量超过 20Mvar 的电容器组，由于保护灵敏度不够，已经出现不少事故，现在均以桥式差电流保护替代；中性点连线上的电流互感器选择时，应选加强绝缘型 CT，或在满足保护灵敏度的前提下提高变比的 CT，以耐受故障状态时的涌放电流不损坏。

上述 4 种保护方式也可检测单台电容器故障，因此，可用来作为单台电容器内部故障保护。无论是不平衡电流或是不平衡电压，保护整定原则都是一致的：当采用外部熔断器保护时，一台或多台电容器的外部熔断器熔丝熔断后，将引起正常电容器过电压，不平衡保护整定值按单台电容器过电压允许值确定，电容器工频过电压允许值按电容器额定电压的 1.05 倍，这在标准中是有规定的；当采用内熔丝保护和无熔丝保护时，不平衡保护的整定值应按故障电容器内部正常元件的过电压不超过允许值确定，电容器元件过电压允许值通常按 1.3 倍。为了避免由投切或其他瞬态过程引起保护误动作，不平衡保护应有一定延时，典型的延时整定为 0.1s～1.0s，对于装设有外部熔断器的电容器组，不平衡保护与熔断器的配合也是特别重要。

需要说明，不平衡保护（不平衡电流或不平衡电压）有一个通病：当出现对称故障时（如双星形接线的同相臂上出现相同故障）不能反映。对外熔丝电容器组来说，由于电容器台数并不是很多，发生对称故障的概率很小，问题也就不大；但对内熔丝电容器组的电容器元件确是非常之多，发生对称故障的可能性大大增加，这是应当注意的问题之一；内熔丝电容器组还有两个应注意的问题：内熔丝电容器隔离元件引起的电容量变化比外熔丝隔离整台电容器要小得多，要求保护必须非常灵敏，保护的动作值还必须躲过电容器组的起始不平衡值；内熔丝电容器元件过电压比单台电容器整台过电压更早、更高，因此，保护整定值应按元件过电压允许值考虑；不平衡保护的另一个问题是起始（或初始，下同）不平衡值（电流或电压），起始不平衡最好为零，由于电容器制造都有误差，就是运行时太阳照射不均衡，都会引起各部分之间电容偏差，所以，起始不平衡为零是达不到的。电容器安装时经过调配，应使不平衡量小于一台电容器故障时引起的不平衡量，便于保护识别而动作，否则，就要有相应的措施。

不平衡保护的整定值应根据不同保护方式进行取值：当采用外熔断器保护时，不平衡保护按单台电容器过电压允许值整定，当作为单台电容器内部故障时应按单台电容器内部元件故障率进行保护整定计算。采用内熔丝保护和无熔丝保护的电容器组，不平衡保护按电容器内部元件过电压允许值整定。

6.1.3 针对并联电容器装置外部引线和配套设备的短路故障，设置带有短延时的速断保护和过流保护，动作于跳闸。由总断路器与分组断路器控制多组电容器分别投切时，电流保护可装设在总回路上。可配置成两段式保护：第一段为短时限的速断保护，第二段为过流保护，与分组过流保护相配合。当串联电抗器装设在电源侧时，分组回路保护动作跳开本回路断路器；分组断路器不满足开断短路电流要求时，电抗器前短路应跳开总断路器。当电抗器装设在中性点侧时，短路故障均应跳开总断路器。应采取措施：加大相间距离，或连接导线采用绝缘材料封包，使跳总断路器的机会减到最少。

速断保护的动作电流和动作时间，以及过电流保护的动作电流，均考虑了继电保护相关规定和电容器组合闸特性来确定整定值。

6.1.4 由于系统电压波动、谐波、电容器的短路故障，会引起过大的电容器电流，装设电流保护是非常必要的，其作用非常重要。原规范第 6.1.4 条要求设置过负荷保护，由于过电流与过负荷并无实质性差别，两种保护功能重叠，用过电流比用过负荷更确切，所以，本次修订删除了过负荷保护，只保留过电流保护。

6.1.5 本条规定的目的是为了避免电容器在工频过电压下运行发生绝缘损坏。电容器有承受过电压的能力，在我国现行标准中有具体规定：电容器在 1.1 倍额定电压下允许长期运行(每 24h 中 8h)；在 1.15 倍额定电压下允许运行 30min；在 1.2 倍额定电压下允许运行 5min；在 1.3 倍额定电压下允许运行 1min。原则上过电压保护可以按标准中规定的电压和时间作为整定值，但是，电网过电压并不是经常出现，为确保安全起见，实际整定值选得比较保守。例如：在 1.1 倍额定电压时动作信号，在 1.2 倍额定电压时经 5s～10s 动作跳闸，延时跳闸的目的是避免瞬时电压波动引起误动。

过电压保护的电压继电器有两种接法：一是接在放电线圈的二次侧；另一种是接在母线电压互感器的二次侧，这种方式应经由电容器装置的断路器或隔离开关的辅助接点闭锁，以便使电容器装置断开电源后，保护能自动返回，过电压继电器应选用返回系数较高（0.98 以上）的晶体管继电器。当设置有按电压自动投切的装置时，可不另设过电压保护，当由自动投切转换为手动投切时应保留过电压跳闸功能。

当变电站只有一组电容器时，过电压保护动作后应将电容器组的开关跳闸；如有两组以上电容器时，可以动作信号或每次只切除一组电容器，当电压降至允许值即停止切除电容器组（自动或手动）。

6.1.6 并联电容器装置设置失压保护的目的在于防止所连接的母线失压对电容器产生的危害。电容器在运行中突然失压将会产生以下问题：

（1）电容器组停电后立即恢复送电（有电源的线路自动重合闸），将造成电容器带电荷合闸，致使电容器过电压而损坏；

（2）变电站停电后恢复送电，可能造成变压器带电容器合闸，变压器与电容器的合闸涌流，以及过电压将使二者均受到损害；

（3）停电后恢复送电，可能造成因无负荷而使母线电压过高，这也可能引起电容器过电压。

基于上述原因，本条规定设置失压保护，保护的整定值既要保证在电容器失压后能可靠动作，又要防止在系统电压瞬间下降时误动作。电压继电器的动作值可整定为50%～60%电网标称电压，带短延时跳闸。

母线失压保护在时限上一般应考虑以下因素：

（1）同级母线上的其他出线故障时，在故障切除前，一般不宜先停电容器组；

（2）当备用电源自动投切装置动作时，在自投装置合上电源前，应先将电容器组回路开关跳闸；

(3)电源线路停电再重合时，在重合闸前也应先将电容器组回路开关跳闸。

6.1.7 串联电抗器是并联电容器装置中的重要配套设备，长期以来串联电抗器处于无保护下运行，往往是事故扩大了才发现，下面对电容器组保护是否能保护电抗器做以下分析：

(1)过电流与速断保护对串联电抗器不起作用。在电容器组母线电压不变的情况下，相同容量的电容器组工作电流将是随电抗率 K 值改变而变化：K 值减小，电流也随之下降。当运行中串联电抗器出现匝间短路，电感值减小，引起 K 值减小，这时回路电流反而变小了，如果电抗器完全短路，这时回路工作电流达到最小值，仅为电容器组电流。作为回路的过电流保护和速断保护，不会有反应。

(2)电压差动保护和桥式差电流保护对串联电抗器不起作用。从这两种保护方式的保护原理来看，它仅仅是检测电容器内部故障，只要电容器不发生故障，即使串联电抗器完全短路，不平衡电压与不平衡电流，不会检测到变化。

(3)开口三角电压保护对串联电抗器故障灵敏度低，甚至处于死区。故障原理分析表明：电容器组为1个串联段或 $K=5\%$ 及以下时的2个串联段，串联电抗器故障处于保护死区；2个串联段时，即使 $K=12\%$，要在电抗器的电抗值降低达到40%以上，保护才能检测到，但此时电抗器故障已经很严重了。如电容器组采用内熔丝保护，对串联电抗器保护会有所改善，但仍需校验保护灵敏度。

(4)中性点不平衡电流保护对串联电抗器故障灵敏度低，甚至处于保护死区。在双星形接线的电容器组中，如果串联电抗器接在电源侧，当某一相电抗器发生故障，虽然引起中性点电位偏移，但电容器组的三相两臂电容量仍然平衡，中性点连线上没有不平衡电流流过，保护不会动作；假如电抗器接在中性点侧，当某相某臂电抗器发生故障，此时，中性点连线上将流过不平衡电流，该电流与电抗率和电抗器击穿故障程度有关:电容器组的串联段为4及以下时,不平衡保护对电抗器的保护效果差,甚至不起保护作用,即使串联段等于4,$K=12\%$,要电抗器击穿短路大于20%保护才能动作,对电抗器来说是危险的。当不平衡保护与内熔丝保护配合时,对串联电抗器保护会有所改善,仍然需要校验保护的灵敏度是否满足要求。

为了及早发现串联电抗器故障并及时切除并联电容器装置,避免事故扩大酿成更大的损失,如经校验电容器组保护无法对电抗器提供有效保护时,就要考虑设置串联电抗器专用保护,特别是对无人值班变电站,尤其必要。

从准确可靠与经济实用出发,针对不同结构的电抗器设置不同形式的保护。油浸式铁心电抗器宜装设瓦斯保护,瓦斯保护是判断油浸式电抗器故障的有效措施。装设瓦斯保护的串联电抗器的起点容量可为0.18MV·A及以上,起点容量不做严格规定,小于0.18MV·A的电抗器也可装设瓦斯保护。其他形式的串联电抗器,如:干式空心、干式铁心、干式半心电抗器,也应设置适当的有效保护,避免事故扩大。在屋内靠近串联电抗器附近,装设具有高灵敏度的烟火报警器,一旦电抗器发生匝间短路出现烟气、烟火时,报警器动作报警或同时切除并联电容器装置;对于电抗率大于4.5%的电抗器可采用专用的电压互感器,跨接于电抗器两端,检测电抗器运行中的端电压变化,设置端电压保护,当电抗器的端电压降低到一定程度(如85%),保护动作切除并联电容器装置。对于电抗率小端电压小的电抗器,由于电抗器故障时的端电压变化小,检测困难,保护的有效性差。这种基于端电压变化原理的保护,很少出现在工程中。倒是与串联电抗器并联连接的过电压阻尼装置,已经在很多工程中应用,据说取得了很好的效果,在特高压变电站的110kV电容器组中也装设了这种设备。

6.1.8 为了防止电容器外壳直接接地的电容器组,发生电容器极对壳绝缘击穿,或套管闪络击穿后,没有接地保护,不能即时发现处理，时间过长可能在另一相发生同类事故，引起多相接地而引起事故扩大。装设在绝缘台架上的电容器组，发生上述故障时，电容器组的绝缘台架对地仍然是绝缘的，所以，这种电容器组可不装设单相接地保护。

6.1.9 本条为针对集合式电容器的特点设置的保护。

6.1.10 本条为指导性规定，供用户在低压电容器柜订货时对设备的保护功能提出要求。其中短路保护、过电压保护和失压保护是应具备的基本保护。谐波电流进入电容器将造成电容器过电压和过电流，对电容器有不利影响，是造成电容器损坏的原因之一。因此，电容器接入点的低压电网有谐波时，宜设置谐波超值保护。谐波超值保护的限值按 0.69 倍电容器额定电流考虑，则电容器最大电流不会超过 1.30 倍电容器额定电流，这样就可以不装设过电流保护元件，当未装设谐波超值保护时，应装设过电流保护器件。

6.2 投切装置

6.2.1 变电站的并联电容器装置采用自动投切，可以使输出的无功功率自动适应负荷变化的需要，从而减轻了变电站运行人员的操作劳动量。根据我国情况，按并联电容器装置在电网中的作用、设备功能和运行经验，本条提出了下列情况供分别选用自动投切的控制方式：

1 变电站的并联电容器装置，根据其装设的目的，按电压、无功功率和时间等组合条件对电容器组进行自动投切控制。

2 自动投切的电容器装置与变压器分接头进行联合调节的目的是为了更有效地调整控制电网的无功功率优化运行和运行电压水平，达到既满足变压器一次系统的优化无功功率或电压要求，又满足变压器二次系统的电压要求。

对变压器分接头调节方式进行系统电压闭锁或注入系统优化无功功率闭锁，其目的是：抑制变压器分接头的过度调节，防止一、二次系统之间不合理的无功功率交换，在一次系统没有足够的无功补偿支撑情况下，造成一次系统电压的过高或过低运行，防止发生电力系统的电压崩溃。这就是防止变压器分接头调压的负效应。

3 上述采用并联电容器装置，采用的是综合条件控制的自动投切，投切控制比较复杂。对一些投切要求可简化的并联电容器装置，可分别采用按电压、无功功率（电流）、功率因数或时间为单一控制量进行自动投切，也可满足要求。

6.2.2 本条规定是对自动投切装置的功能要求，防止保护跳闸时误合电容器组的闭锁功能和投切方式选择开关都是必须具备的，其他功能则应根据运行和变电站情况的需要确定，如主变压器不是有载调压变压器时则可减少相应的功能。

6.2.3 本条对变电站中有两种电抗率的电容器组规定了投切顺序要求，采用两种电抗率是为经济有效地抑制 3 次及以上谐波，要达到抑制谐波，电容器组投入后，呈现的综合谐波阻抗应呈感性，如果电容器组投入后的综合谐波阻抗呈容性，则会产生谐波放大。为了电容器组投切过程中综合谐波阻抗应呈感性，电抗率为 12％的电容器组应先投后切，电抗率为 4.5％～5.0％的电容器组应后投先切。

6.2.4 由于经保护装置动作而断开的电容器组在一次重合闸前的短暂时间里，电容器的剩余电压不能降低到允许值，如果设置了自动重合闸，将使电容器在残压较高的情况下，重新加压，致使电容器过电压超过允许值而损坏。因此，规定并联电容器组回路严禁设置自动重合闸。应当注意，当并联电容器装置与供电线路同接一条母线，为了提高供电可靠性而装设了重合闸，这时并联电容器装置的回路保护，应具有闭锁自动重合闸的功能。

6.2.5 本条为指导性规定，供用户在低压电容器柜订货时对电容器投切功能提出要求，充分发挥低压无功补偿的经济效益，在低谷负荷时不向电网倒送无功，避免因电网无功过剩而造成不利影响。按电力部门要求低压电容器柜应采用自动投切。自动投切的控制量应根据负荷性质选择:变化大,电压不稳定,可考虑按负荷、电压和功率因素进行综合控制;如负荷和电压较平稳,并随时间有规律变化,也可只用时间作控制量,因此,控制量的选择要根据低压用户无功补偿的具体情况而定。

7 控制回路、信号回路和测量仪表

7.1 控制回路和信号回路

7.1.1 本条为根据近期设备的发展变化对并联电容器装置控制提出的要求。随着变电站自动化水平的提高，并联电容器装置也进入了综合自动化控制范围，控制方式与前几年相比已经发生了变化，它不仅仅依靠自动投切装置来进行控制，今后变电站的并联电容器装置，应主要考虑利用变电站的综合自动化设备进行监控。

7.1.2 本条规定是对并联电容器装置断路器的控制方式所做的具体要求。

7.1.3 由于各地误操作事故频繁发生，作为防止事故对策，要求电气产品应有防止误操作功能，故做本条规定。

成套开关柜所具备的防止误操作功能：防止误分、误合断路器；防止带负荷拉合隔离开关；防止带电合接地开关（挂接地线）；防止带接地线（接地开关）合断路器（隔离开关）；防止误入带电间隔。很多10kV电容器组是以成套柜的设备形式供货并安装在屋内，它类似开关柜和具有网门，也应具备上述的功能要求。

7.1.4 安装在低压配电室中的低压并联电容器装置都是采用就地控制。随着科学技术日新月异发展变化，低压无功补偿装置的控制和测量都发生了根本性的变化，智能型数字化的控制器产品已经占据半壁河山，只是由于价格较贵，尚未得到普及，但无论如何它将替代早期普通产品。不管采用哪种控制器，低压并联电容器装置的运行和停止状态，均应有明确的信号显示，便于识别。由于装置内部故障不易发现，如果有了内部故障的预告信号便于即时发现问题，早做处理，避免事故扩大，所以，提出这项要求是适宜的。

本次修订考虑到普通型控制器产品几乎已不再使用，因此删除了原条款中普通型控制器的说法。

7.2 测量仪表

7.2.1 应对并联电容器装置的母线电压进行测量，当母线上已经装设有电压表时，表计不应重复装设。

7.2.2 本条规定是对总回路应装设的测量表计的规定，为检测总回路的无功功率、电流和计量无功电度，应装设相应的表计。分相装设电流表的目的是为了检测总回路三相电流是否平衡。

7.2.3 当总回路下面连接有并联电容器和并联电抗器时，为了分别计量容性和感性无功电度量，总回路应设置分别计量容性和感性无功电度的电度表，该电度表还应有逆止机构防止倒转。

7.2.4 为避免表计过多使控制屏面上布置困难，在分组回路中可只装设一个电流表。当并联电容器装置与供电线路同接在一条母线时，在并联电容器装置分组回路中装设无功电度表的目的是为了计量用户消耗的无功。

7.2.5 根据目前情况，很多变电站已装设有计算机监控系统，当测量回路已接入计算机监控设备时，无论是总回路或分组回路的测量表计功能已由计算机替代，所有测量表计均可不再装设。

7.2.6 本条规定为指导性规定，供用户在低压电容器柜订货时，对测量表计提出要求。其中电流表、电压表和功率因数表都是必备的。低压电容器柜的控制和测量与以前设备相比，已有了很大的变化，测量已实现数字化。当前，已经有了全数字化设计，人机界面采用大屏幕液晶显示器的低压无功功率自动补偿控制器，它可以实时显示电网功率因数、电压、电流、有功功率、无功功率、电压总谐波畸变率、电流总谐波畸变率、频率的平均值及电容投切状态等信息；控制器具有以下功能：设置参数可以中文提示，数字输入;电容器投切控制程序支持等容量、编码及模糊控制投切方式;手动补偿/自动补偿两种工作方式;取样物理量为无功功率;有谐波测量及保护功能;有标准的现场总线通信接口,方便接入智能开关柜系统。这些功能极大地方便了运行控制和检测回路参数,是升级换代产品,在这种设备上,已不需要装设测量表计,这是设备选型时应注意的问题。

8 布置和安装设计

8.1 一般规定

8.1.1 本条规定为并联电容器装置布置和安装设计时应考虑的主要技术问题。

8.1.2 本条规定为并联电容器装置布置形式选择原则。布置形式选择的依据有三个条件:环境条件、设备性能、当地实践经验。在这三个条件中设备性能是主要的,甚至是决定因素。只要设备性能允许,推荐采用屋外布置。屋外布置和屋内布置是本规范规定在工程中选用的正规布置形式。为防止夏季烈日对电容器外壳直接照射引起温升过高,一些地区曾经采用半露天布置(即屋外搭遮阳棚),运行中出现了一些问题:有的工程采用石棉瓦做遮阳棚,容易破裂漏雨,并出现过被大风吹掉棚顶的事故;半露天布置容易使电容器表面积灰尘,又失去了雨水自然清洗条件,很容易出现污闪事故;冬季遮阳棚顶暖和,引来麻雀栖息,黄鼠狼和猫捕食麻雀又容易造成短路事故。因此,今后不推荐这种布置形式。

屋外布置的优点是:省去了修建房屋的工作量,可缩短工期,节约工程造价;在运行上通风散热条件好,风和雨水可对电容器进行自然清洗;屋外布置的缺点是:受天气和环境污染影响大,以前,每到夏季电容器事故率就上升,特别是酷暑天降暴雨后损坏多,究其原因是电容器质量差所造成的,随着电容器质量的提高,屋外电容器组的年损坏率已大大下降,除特殊地区或特殊环境外,应优先考虑采用屋外布置。

屋内布置的电容器组,受天气和环境污染的影响小,防范鸟害和小动物侵袭的效果好。但缺点是土建施工量大,工期长,工程造价高,如设置了机械通风还会增加运行费。在严寒、湿热、风沙、污秽等特殊地区，当设备性能不满足屋外安装条件或技术经济合理时，可采用屋内布置，但屋内布置容易产生凝露，而凝露又会发生污闪事故，需要采取措施予以防止。

8.1.3 原规范本条为强制性规定，并联电容器装置的安全围栏对带电体的安全距离按现行行业标准《高压配电装置设计技术规程》DL/T 5352有关规定执行。为了防止小动物危害电容器组的安全运行，应采取防止小动物侵袭的措施。本次修订基于规程中强条从严的原则，考虑到本条并不涉及人身安全问题，因此取消了其强制性要求规定。

8.1.4 本条规定是为了保证供电线路开关柜的安全运行，防止因电容器事故影响供电线路的正常运行。

8.1.5 本条为配电装置的通用规定，因为并联电容器装置曾出现过多起无铜铝过渡措施引起的接头过热事故，所以本条规定予以强调，提请安装设计时注意。

8.1.6 本条规定为通用要求。钢部件刷漆防腐，措施简单方便，但防腐效果不如镀锌好。因此，有条件时均应对钢结构件进行热镀锌，使其达到长期防腐的目的。

8.1.7 本条规定的并联电容器组下方地面和周围地面的处理方式，是工程中较为普遍方式，实际上各地的做法花样很多，不强求统一性，允许有不同做法，设计时可根据各地的具体情况决定，但必须注意环境保护，电容器事故外壳破裂流出的浸渍液不得对地下水造成污染，也不得对周围环境造成危害。

8.1.8 本条规定是对电容器室的建筑设计提出的限制性规定，各地均应遵循。

8.1.9 随着生产发展和技术进步，低压并联电容器装置产品的质量提高了，品种日益多样化，已有屋外型产品供选择，但多数产品仍为屋内型，应根据安装布置条件来选择产品。

8.1.10 低压电容器事故较少，事故的影响面小，后果不十分严重。把低压电容器柜与低压配电盘安装在同一个配电室方便低压配电室的设备布置，这种做法全国比较普遍。把低压电容器柜布置在同一列屏柜的端部是为了缩小事故影响范围，避免电容器柜出现事故时两边的低压配电盘受影响。

8.1.11 本条是根据国内较普遍的做法提出的推荐性规定。

8.2 并联电容器组的布置和安装设计

8.2.1 本条规定是为了避免或减少相间短路事故，缩小电容器爆裂起火的影响范围，减少损失。分相设置电容器组会增加占地面积，但这样做有利于安全，35kV 和 66kV 电容器组，容量较大，基本上都是分相布置；6kV 和 10kV 电容器组，容量相对较小，基本上是采用三相一体的分层框架，这种安装方式应适当加大相间距离，以保证相间有足够的安全裕度。

8.2.2 本条规定是对电容器组框架设计提出的原则性要求，目的主要有以下几点：

(1)利于电容器通风散热。良好的通风散热条件是减少电容器故障的重要保证。在层间设置隔板(为了防止上层电容器漏油滴到下层电容器上)，以及在电容器柜(框台架)的四周用钢板围护，这些做法均会影响到电容器的通风散热，使电容器温升增加，导致电容器的故障发生，设备生产制造和设备采购均应注意这个问题。

(2)方便维护和更换设备。电容器框架设计，应考虑运行检修工作的方便：巡视设备的运行状况、停电后对设备进行检查和清扫工作、对故障电容器进行更换的工作。电容器的框架设计还应考虑以下方面：方便维护人员上到多层框架的顶部，如有脚踩的踏步板，顶部和层间有供维护人员站立和脚踩的位置。总之，要给电容器的运行维护和检修尽量创造方便条件。

(3)节约占地。工程建设要节约占地，这是我们的国策。分层布置节约占地，在采用分相布置时，也要考虑将电容器分层放置。为方便运行维护和检修，框架分层不宜超过三层，若超过三层，站在地面不易看清上层设备的运行状况，为降低框架高度，可考虑采用横放式电容器。节约占地和方便运行维护，在电容器框架设计时二者均应兼顾。

本次修订考虑到目前变电站运行检修水平的提升，多数大容量并联电容器框架分层已经超过三层，因此删除了原条款中的对层数及排数的要求。

8.2.3 本条对电容器组安装设计的最小尺寸做了规定，现做如下说明：

(1)电容器间距。电容器介质损耗产生的热量主要依靠对流来散发，其散热量与单台电容器容量和介损大小有关。不同容量的电容器在框架上放置，彼此之间的距离取多大合适，应通过电容器温升试验来确定。试验研究说明：随着电容器安装间距加大，电容器温升则逐渐降低，当间距达到某一数值后，下层温升与一台单独运行的电容器温升已比较接近，该距离即可作为电容器安装时的最小距离。原规范规定电容器的安装间距为100mm，随着电容器产品的发展进步，制造电容器的原材料改变，全膜电容器已取代膜纸复合电容器，全膜电容器损耗小、温升低。西安电力电容器研究所，对全膜电容器安装间距与温升进行了试验研究，选用100kvar、334kvar、500kvar三种容量的电容器，分上、中、下三层安装在框架上。根据工程中的实际应用，电容器在框架上安装又分别采用了立放与卧放两种产品，每层安装两排，排间距离只取一种：100mm。电容器的安装间距采用：40mm、50mm、60mm、100mm。对每种安装距离都进行长时间通电试验，使电容器的温升达到稳定，得到大量的试验数据。该项目研究成果，经组织行业技术专家进行评审，评审意见建议："在此研究报告的基础上，规范中电容器安装间距可以修订，考虑其他因素如电容器外壳膨胀、环境温度、单台容量等情况下，适当缩小现行间距，以不小于70mm为宜，单台容量较小的还可适当减少，但不小于50mm。"

(2)排间距离。在框(台)架上安装两排电容器时，排间应有一定距离，以利通风散热和维护更换电容器。原规范规定的最小间距为200mm是国内以前较为普遍的采用值。基于在上面(1)中的相同情况，本次规范修订，由 200mm 缩小到 100mm。

(3)底部距地面距离。为使电容器通风散热良好，电容器不能直接安装在地面上，因为安装在地面上既影响通风散热，又容易造成电容器底部锈蚀。本条规定的屋外电容器组对地距离高于屋内，是为了防止下雨时泥水溅到电容器器身上，以及防止小动物爬到电容器上造成事故。本条规定的距离，是按照全国比较通用的 10kV 电容器组尺寸来规定的，35kV 和 66kV 电容器组安装时的电容器底部对地距离，比 10kV 电容器组的电容器底部对地距离要大得多，满足本条规定不成问题。

(4)框架顶部至屋顶净距。从利于空气对流散热考虑，框架顶部至屋顶距离越大越好，但由这个条件无法确定一个合理值。为满足检修人员站在上层框架上不致头碰屋顶为条件，则可确定一个最小尺寸，本条规定的框架顶部至屋顶的最小净距为 1000mm，即是以上述条件确定的。该距离规定，满足 66kV 及以下各级电压的并联电容器装置的带电距离要求。

并联电容器组安装示意图见图 1。

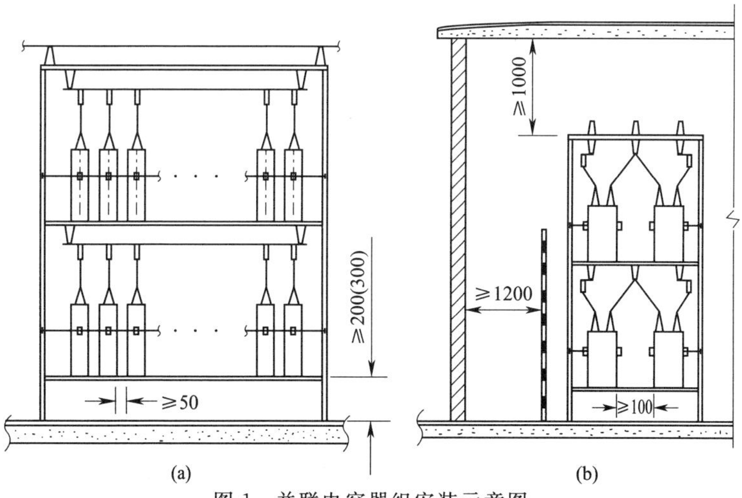

图 1　并联电容器组安装示意图

注：括号中的数值适用于屋外布置

8.2.4 为电容器组设置的通道(走道)有两种:一种称为维护通道,正常运行时能保证运行人员通行安全的巡视通道;另一种称为检修走道,因电容器组的带电体无防护遮拦,正常运行时人员不能进入该通道,停电后才允许人员进入,比维护通道要窄一点,可减少占地。

规定两种通道主要考虑以下几方面:

在电容器组四周都设置维护通道,将会增加占地面积,也无十分必要;为了节省占地,不可能全部通道都改成检修走道。当屋内只有一组电容器时,通常只在电容器框(台)架的一侧设置维护通道,另一侧与墙之间设检修通道;当屋内有两组电容器时,通道设置又有两种情况:一是电容器组靠两侧墙布置,在两组框(台)架之间设维护通道,在框(台)架与墙之间检修走道;二是两组电容器不靠墙布置,在两组电容器框架之间设检修走道,框(台)架与墙之间设维护通道。当框(台)架上安装的电容器只有一排时,框架与墙之间可以不设检修走道,采用靠墙布置。屋外电容器组的通道(走道)设置可参照上述情况考虑。通道(走道)设置示意图见图 2。

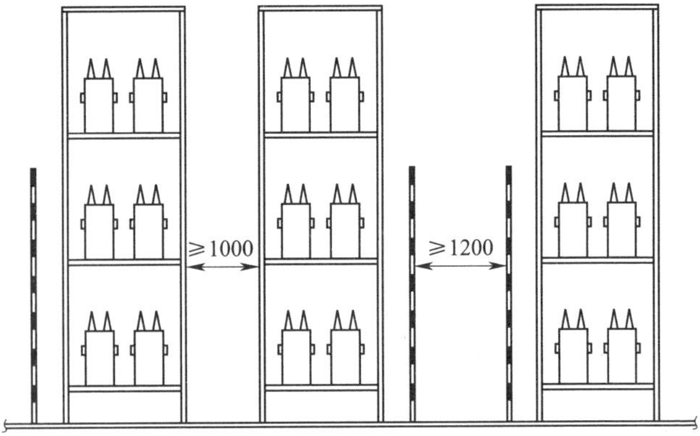

(a)

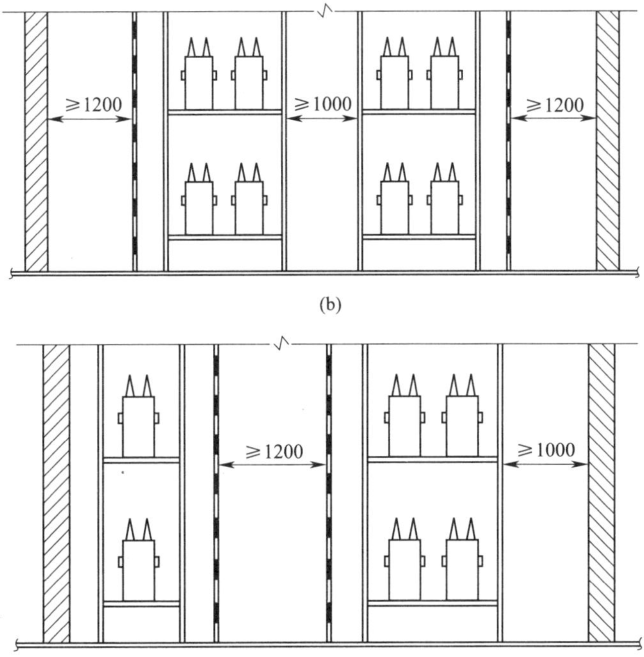

(b)

(c)

图 2　屋外并联电容器组通道(走道)设置示意图

8.2.5　本条规定是根据绝缘配合要求提出的,是电气设计的通用原则。当电气设备的绝缘水平不低于电网时,设备可直接装设在地面上,金属外壳需接地;当电气设备的绝缘水平低于电网时,应将其装设在绝缘台架上,绝缘台架的绝缘水平不得低于电网的绝缘水平。例如:额定电压为 $11/\sqrt{3}$ 电容器,它的额定极间电压为 6.35kV,这种电容器的绝缘水平是 10kV,可以作星形连接用于 10kV 电网,电容器的外壳与框(台)架连接并一起接地;额定电压为 6kV 的电容器,它的额定极间电压和绝缘水平都是 6kV,采用 4 段串联接成星形用于 35kV 电容器组,极间电压满足要求,但是每台电容器的绝缘水平都比电网的绝缘水平低,需要把电容器安装在 35kV 级的绝缘框(台)架上才能满足绝缘配合要求。安装在绝缘框(台)架上的电容器外壳具有一定电位,电位悬浮会使电容器运行不安全,应将电容器外壳与框(台)架可靠相连,固定电位,防止电位悬浮引起部分电容器过电压损坏。

为了防止运行人员触及带电的电容器外壳,框(台)架周围应设置安全围栏。

集合式与箱式电容器的绝缘水平均不低于电网绝缘水平,安装方式都采用安装在地面基础上,为保证安全,外壳应可靠接地。

8.2.6 本条对电容器安装连接线做了三点规定,说明如下:

1 电容器的瓷套与箱壳的连接比较脆弱,因此无论正常运行或事故情况,均应避免套管受力而使其焊缝开裂引起渗漏油。即使现在采用了滚装套管,无焊缝连接,强度大大提高,连接处仍然是容易漏油的薄弱环节,不能受力过大。所以,与套管连接的导线应使用软导线,并应使这种软导线保持一定的松弛度,安装设计时应对施工安装提出要求。

2 单套管电容器的接壳端子虽然与外壳是连接在一起的,但为了保持回路接触良好,不能用外壳连接线代替接壳导线,接壳导线应由接壳端子上引出,以保持载流回路接触良好。

3 据调查,以前有不少电容器组直接用电容器套管支持连接硬母线,即我们常说的硬连接。硬连接引起事故的教训很多:安装时受力和运行中热胀冷缩,均会使电容器套管承受过大应力,电容器套管与外壳的连接处很容易发生问题,继而出现电容器的渗漏油;用硬母线连接的电容器组,当一台电容器发生爆裂时,与其相邻的电容器瓷套因受硬连接线牵连而被拉断,会造成多台电容器损坏。本次修订基于规程中强条从严的原则,考虑到近年来电容器制造水平的提升,上述问题发生的概率大大减小,且本条并不涉及人身安全问题,因此取消了其强制性要求规定。

8.2.7 中性点不接地的星形接线电容器组,当三相之间和每相各串联段之间电容值不平衡,正常运行时会产生电压分布不均衡,电容值不平衡加大则电压分布不均也随之加大，电容值小的某一相或某一个串联段承受的电压高。因为电容器产品在制造时就存在着容差，在电容器组安装时也不可能将电容量调配得十分均衡，所以从理论上讲希望容差为零，使电压达到均衡分布，实际上办不到。因此，就从需要与可能考虑，容差应尽量小一些。本条规定的容差为现行电力行业标准的数据，国网公司企业标准的要求，比本条规定更加严格，要求值更小，各电容器制造厂在电容器安装配平时都可以达到。容差越小，电容器运行时电压分配的不均匀性也就小，同时，不平衡保护的初始不平衡电压与不平衡电流也小，这样才有利于保护整定和提高灵敏度。

8.2.8 本条为一般性规定，目的在于提请设计和设备安装施工时注意，没有装设接地开关的并联电容器装置，应该把检修时挂临接地线的接地端子预留好，以利电容器组检修前进行接地放电时使用。

8.2.9 汇流母线是按允许载流量选择的，能满足长期通过电流的要求，但是如果没有足够的机械强度，一段时间后将会出现塌弯，对装设有熔断器的电容器组，将产生熔断器的拉紧弹簧松弛，熔断器熔断时其尾线将不能顺利弹出，电弧不能熄灭从而引起事故。即使没有装设外熔断器，连接线松紧程度不一致，影响外观。通常采用母线背角钢，或缩小支柱绝缘子距离，来提高母线机械强度。为了节约投资，一般不采用加大母线尺寸的方式。

8.2.10 本条规定对熔断器安装提出技术要求：

1 将熔断器装在通道侧是为了巡视和更换熔丝方便；

2 熔断器安装位置是否正确关系到它的正确动作。如：将熔断器垂直安装，熔断器的喷口对着电容器，电弧可能喷射到套管或箱壳上；熔断器安装角度如不能达到熔丝尾线与熔管成一条直线，或熔丝拉紧弹簧不到位，则可造成熔丝尾线不能顺利弹出熔管，导致重击穿，产生过电压而损坏电容器，也可能引起熔丝的群爆。

3 外熔丝熔断后尾线如搭在电容器箱壳上可能会形成接地

故障。

工程中出现熔断器错误安装的例子很多，本条规定的技术要求非常必要，应写入施工图中。

还应说明，熔断器安装后不能一劳永逸，因为熔断器长期运行后可能产生熔管受潮发胀或拉紧弹簧锈蚀弹力下降，一旦熔丝熔断，尾线难以弹出，熔丝的开断性能也要变差。当电容器发生故障熔断器应该发挥作用时，如果它失效了将会造成事故扩大，因此，应定期对熔断器进行外观检查和性能测试，及时更换失效品，才能保持熔断器性能的完好状态。

8.2.11 本条为一般性条文，提请设计人员注意，并联电容器装置设计时，要根据各地区的不同情况，做好防范鸟类、鼠、蛇类等小动物侵袭的措施。据调查，各地都发生过小动物进入并联电容器装置造成的短路事故，而且，此类事故在变压器上和配电装置中也时有发生。防范小动物侵袭的措施各个地区是不一样的，没有必要进行统一规定。各工程可根据周围环境中小动物活动情况，并参照本地区相应电压等级配电装置采用的措施予以实施。对小动物不可不防，但也不能花太多的投资去设防。各地采取的防小动物措施有：在屋外并联电容器装置的设置四周网状围栏，但在多雨潮湿地区要有网状围栏的防锈蚀措施；采用全封闭网笼的形式，但比较少；电容器室通常采用封堵：在进风口、排风口和窗口装设金属网，在电缆沟道口进行封堵，对所有墙洞进行封堵，门口设置挡板，高度约 500mm。上述这些措施都是可行的，也是有效的。

总之，各地可按本地区的情况和习惯做法，因地制宜采取不同的措施来防范小动物侵袭。

8.3 串联电抗器的布置和安装设计

8.3.1 本条对油浸式铁心串联电抗器的安装布置提出要求：

1 油浸式铁心串联电抗器和变压器一样是屋外设备，将其安装在屋外通风散热条件好，无须设置防爆措施；工矿企业污秽一般较严重，当采用套管爬电距离较小的普通设备时，为了防止套管污闪事故，应将电抗器布置在屋内，并应采取通风散热措施保证运行安全。

2 油浸式铁心串联电抗器屋内布置时，当其油量超过100kg，应参照变压器安装规定，设防爆间隔。

8.3.2 本条对干式空心串联电抗器的安装布置提出要求：

1 空心电抗器采用分相布置的水平排列或三角形排列（“一”字形或“品”字形），由于相距加大，有利于防止相间短路和缩小事故范围。三相叠装式虽然可以缩小安装场地，但是相间距离小，相间短路的可能性增加，安全性差。设备安装时，对三相叠装顺序还有特殊要求，因此，这种方式不推荐采用。

2 干式空心串联电抗器虽然在屋外或屋内安装均可，但是空心电抗器周围有强磁场，屋外安装容易解决防电磁感应问题。如果需要将空心电抗器安装屋内时，必须考虑使其远离变电站的计算机监控和继电保护等电气二次弱电设备，防止发生电磁干扰事故，影响继电保护和微机的正常工作。建议屋内装设串联电抗器时，选择设备本体外漏磁场较弱的产品，如干式铁心电抗器或带有磁屏蔽的电抗器。

8.3.3 本条对干式空心串联电抗器安装布置时防电感应提出要求。空心电抗器的特点是：线圈磁力线经空间形成闭合回路，因而设备本体周围存在着强磁场，为了降低在临近导体，包括铁磁性金属部件和钢铁件接地体中，引起严重的电磁感应电流发热，产生电动力效应，安装设计时要满足防电磁感应要求，在厂家提供的设备安装图中，防电磁感应的距离要求都有明确规定。个别厂家会提出两个防电磁感应的距离要求：一是对铁磁性金属体的距离；二是对形成闭合回路的铁磁性金属体的距离，如果设备外形图上有此两项要求，在设备安装设计时均应满足要求。

本条3款规定的3个尺寸要求，是在对国内几个主要电抗器生产厂家调查基础上提出的，数据规定能涵盖国内各制造厂。

8.3.4 本条规定接地线采用放射形或开口环形，是为了不使导体形成环形回路，切断电磁感应电流的通路，减少损耗。为了增加接地回路的可靠性，接地线与主接地网采取两点相连。

8.3.5 本条规定是为了降低空间磁场在母线和连接螺栓中的涡流损耗，避免引起过热。采用不锈钢螺栓时须注意，只有非导磁材料加工的螺栓才能起到减少涡流发热问题。

8.3.6 本条规定基于干式铁心电抗器的产品特点，目前还没有屋外型产品。安装时尚需满足制造厂提出的相关规定，如设备接地、通风散热等。

9 防火和通风

9.1 防　　火

据调查，电容器曾多次发生爆炸事故引起火灾，虽然单台电容器充油量不多，但并联电容器装置是由多台电容器成组的，一台电容器爆炸起火可引起多台损坏，甚至可能造成整个电容器室被烧毁。因此，对电容器室的防火要求不应低于同电压等级的配电装置。

本节的条文规定，考虑了与国家现行标准《3～110kV 高压配电装置设计规范》GB 50060 和《220kV～750kV 变电站设计技术规程》DL/T 5218 保持一致。

9.1.1 目前，电容器产品已有多种类型，干式电容器和充 SF_6 气体绝缘电容器是不可燃的，这些都是无火灾危险的产品，只是所占的比例还比较小，大量的电容器还是属于可燃介质类，具有火灾危险性。可燃介质电容器与变电站内建(构)筑物和设备的防火距离，按照现行国家标准《火力发电厂与变电站设计防火规范》GB 50229 和《建筑设计防火规范》GB 50016 有关条文规定执行，使标准规定达到一致性。当场地紧张无法达到上述标准规定的防火距离时，可采用防火墙分隔来减少用地，也可采用联合建筑来减少用地。在联合建筑中与相邻其他用房的隔墙，以及电容器室的楼板、隔墙、门窗、孔洞等均应满足防火要求。

9.1.2 并联电容器装置的消防设施是指消防通道、防火隔墙和能灭油火的消防设备等，本条对消防设施提出了要求：

1 安装在不同主变压器的屋外大容量电容器装置之间，设置消防通道，加大了相互之间的距离，既有利于防火，也方便灭火，消防通道的设置应与站高压并联电容器用内道路做统一考虑，使其能起到方便运行和搬运设备的作用。

2 为了缩小屋内并联电容器装置的火灾事故范围，在属于不同主变压器的并联电容器装置之间，设置防火隔墙是必要的，工程设计应予以考虑。

9.1.3 本条规定对并联电容器组的框(台)架、低压电容器柜的柜体等，采用非燃烧材料，目的是防火或防止火灾事故蔓延，并与电容器室建筑防火要求相一致。

9.1.4 本条规定电容器室房屋耐火等级不低于二级。根据现在建筑材料的供货情况，一般能达到一级，规定为二级都能达到。

9.1.5 本条与高压配电装置设计的技术要求一致，但强调两个电容器室之间的门，应为乙级防护门，耐火极限为0.9h。电容器屋内除巡视外，无人值班，对采光无特殊要求。尽量少设采光窗，对隔热、采暖和减少玻璃窗维护工作有利，还可减少电容器爆裂时造成玻璃窗碎片飞溅伤人。

9.1.6 沟道出口的防火封堵，目的是防止电气火灾扩散。

9.1.7 油浸集合式电容器油箱里油量较多，设置储油池或挡油墙，发生事故时可防止电容器绝缘油和冷却油，向四周流散，污染周围环境和地下水，防止油流着火后火灾蔓延。储油池的长、宽和深度尺寸，与设备的外形尺寸和油量多少相关，可参照变压器的具体做法确定。

9.1.8 把并联电容器装置布置在变电站常年最大频率风向的下风侧，其目的是当电容器发生着火事故时减少对其他设备的影响。

9.2 通　　风

9.2.1 控制电容器运行温度是保证电容器安全运行和使用年限的重要条件。运行温度过高可能导致介质击穿强度降低，或导致介质损耗($\tan\delta$)的迅速增加。若温度继续上升，将破坏热平衡，造成热击穿，影响电容器的寿命。电容器一般都靠空气自然冷却，所以周围空气温度对电容器的运行温度影响很大。并联电容器装置室，通风的主要目的是排除屋内余热。在进行电容器室的通风计算时，电容器室的余热量包括两项：电容器的散热量和通过围护结构传入屋内的太阳辐射热量。

计算电容器散热量时，主要考虑的是电容器的介质损耗转换的热量。介质损耗功率按下式计算：

$$P_s = Q_c \tan\delta \qquad (3)$$

式中：P_s——电容器介质损耗功率(kW)；

Q_c——电容器室内安装的电容器容量(kvar)；

$\tan\delta$——电容器的介质损耗角正切值。

9.2.2 排风温度是以排热为主要目的的通风计算中的一个关键数据，它对通风量的影响非常明显。因此，确定排风温度是十分重要。在确定排风温度时，首先考虑电容器安全运行适用的环境温度，又要与电容器屋内布置的其他设备，适用的环境温度以及通风系统的经济性做统一考虑。参照采暖通风标准的规定，电容器以及与其有关的电气设备的适用环境温度，本条了对排风温度的工程采用值做了规定。为使得对排风温度的规定更加明确，本次修订增加了电容器运行环境温度的规定，此规定应用了现行国家标准《标称电压1000V以上交流电力系统用并联电容器 第1部分：总则》GB/T 11024.1中的规定。

9.2.3 串联电抗器小间的通风，以排除屋内余热为主要目的。由于通过围护结构传入屋内的热量与电抗器散热量相比甚小，所以，在进行电抗器小间通风量计算时，通过围护结构传入屋内的热量可以忽略不计。根据电抗器适用的环境温度，参照油浸式变压器的有关规定，本条对电容器室的排风温度和排风温差做了规定。

9.2.4 自然通风是安全可靠的通风方式，有效而又节能，所以，在工程设计中应优先采用有组织的自然通风方式。当采用自然通风方式达不到排除屋内余热所需要的通风量时，应设置机械通风装置。一般采用自然进风、机械排风的通风方式。由于电容器屋内电容器台数较多，布置分散，所以散热比较均匀，因而需要均匀地多设置一些进、排风口,合理地组织气流,以期得到较好的通风效果。一般来说,电容器室的机械排风口不会设置很多,因此,多设置一些进风口并合理地组织气流显得非常重要。

9.2.5 在风沙较大的地区,进风口设置防尘措施,可以与进风过滤结合起来统一考虑。在一般地区的电容器室设置的防雨百叶窗、双层百叶窗加遮雨棚、出风弯管等是防止雨雪飘入屋内的有效措施,在进、排风口加铁丝网则是防止小动物进入屋内的有效方法。设计时,可以根据具体情况灵活利用。

9.2.6 减少太阳辐射热和充分利用自然通风,在并联电容器装置设计时,应予以综合考虑。布置电容器室应尽量避免夏季西晒,利用夏季最大频率风向的影响,使尽可能多的自然风进入电容器室,以获得最好的夏季通风效果。屋外电容器组布置时,应尽量使电容器的小面朝向太阳直射时间最长的方向,减少由太阳辐射热引起的温升,同时,并联电容器装置的布置设计时,也应考虑利用夏季主导风向的通风散热作用,求得二者兼顾的优良效果。

9.2.7 严寒和高温地区的并联电容器装置室,应考虑室内的保温或隔热,其屋面在不增加太多投资的情况下设置保温层或隔热层,可起到控制室温的作用,对电容器的安全运行有利,屋面结构设计时应予以考虑。